全国渔业船员培训统编教材
农业部渔业渔政管理局　组编

船舶电机理论与实操手册

（渔业船舶电机员适用）

沈千军　刘黎明　王希兵　编著

中国农业出版社

图书在版编目（CIP）数据

船舶电机理论与实操手册：渔业船舶电机员适用／沈千军，刘黎明，王希兵编著．—北京：中国农业出版社，2017.2

全国渔业船员培训统编教材

ISBN 978-7-109-22693-7

Ⅰ.①船… Ⅱ.①沈… ②刘… ③王… Ⅲ.①船舶-电机-技术培训-教材 Ⅳ.①U665

中国版本图书馆 CIP 数据核字（2017）第 016460 号

中国农业出版社出版

（北京市朝阳区麦子店街 18 号楼）

（邮政编码 100125）

策划编辑 郑 珂 黄向阳

责任编辑 周晓艳

三河市君旺印务有限公司印刷　　新华书店北京发行所发行

2017 年 3 月第 1 版　　2017 年 3 月河北第 1 次印刷

开本：700mm×1000mm 1/16　　印张：13.5

字数：227 千字

定价：50.00 元

全国渔业船员培训统编教材
编审委员会

全国渔业船员培训统编教材编辑委员会

丛书序

安全生产事关人民福祉，事关经济社会发展大局。近年来，我国渔业经济持续较快发展，渔业安全形势总体稳定，为保障国家粮食安全、促进农渔民增收和经济社会发展作出了重要贡献。“十三五”是我国全面建成小康社会的关键时期，也是渔业实现转型升级的重要时期，随着渔业供给侧结构性改革的深入推进，对渔业生产安全工作提出新的要求。

高素质的渔业船员队伍是实现渔业安全生产和渔业经济持续健康发展的重要基础。但当前我国渔民安全生产意识薄弱、技能不足等一些影响和制约渔业安全生产的问题仍然突出，涉外渔业突发事件时有发生，渔业安全生产形势依然严峻。为加强渔业船员管理，维护渔业船员合法权益，保障渔民生命财产安全，推动《中华人民共和国渔业船员管理办法》实施，农业部渔业渔政管理局调集相关省渔港监督管理部门、涉渔高等院校、渔业船员培训机构等各方力量，组织编写了这套“全国渔业船员培训统编教材”系列丛书。

这套教材以农业部渔业船员考试大纲最新要求为基础，同时兼顾渔业船员实际情况，突出需求导向和问题导向，适当调整编写内容，可满足不同文化层次、不同职务船员的差异化需求。围绕理论考试和实操评估分别编制纸质教材和音像教材，注重实操，突出实效。教材图文并茂，直观易懂，辅以小贴士、读一读等延伸阅读，真正做到了让渔民“看得懂、记得住、用得上”。在考试大纲之外增加一册《渔业船舶水上安全事故案例选编》，以真实事故调查报告为基础进行编写，加以评论分析，以进行警示教育，增强学习者的安全意识、守法意识。

相信这套系列丛书的出版将为提高渔民科学文化素质、安全意识和技能以及渔业安全生产水平，起到积极的促进作用。

谨此，对系列丛书的顺利出版表示衷心的祝贺！

农业部副部长 于康震

2017年1月

前言

我国是世界上渔船数量最多的国家，约占世界总数的1/4，其中海洋渔船总数约30万艘。随着科技的进步，海洋渔业船舶正向大型化、电气化、自动化方向发展，尤其是在远洋渔船上大功率电机得到了广泛应用。但是由于各种原因，我国海洋渔业船员，特别是渔船电机管理人员，有相当一部分对船上的电气设备缺乏应有的理论基础和实际技能，缺乏掌握驾驭现代化渔业船舶电气化、自动化的能力。提高渔船电机管理人员对电气设备的操作和管理综合技能，对保障渔船海上安全生产和渔民生命财产安全具有重要意义。

本书严格按照《农业部办公厅关于印发渔业船员考试大纲的通知》（农办渔〔2014〕54号）中关于渔业船员理论考试和实操评估的要求编写，融入编写人员对全国海洋渔业船舶的调研成果，重点突出适任船员的理论考试和实操评估，针对性、准确性和实用性强，旨在培养船员在实践中的实际操作能力，既适用于全国渔业船舶电机员的考试、培训和学习，也可作船员上船工作的工具书。

本书共有两部分。第一部分船舶电机理论分为三篇，第一、二篇由舟山市渔业技术培训中心沈千军、江苏渔船检验局王希兵编写，第三篇由舟山航海学校刘黎明编写。第一篇介绍电工基础，主要包括电路、磁场、晶体管等基础知识以及电机与电力拖动、同步发电机的知识；第二篇简单介绍船舶电气自动化方面的知识，主要包括渔船舵机的自动控制、机舱监测与报警系统及程序控制器的基本知识等内容；第三篇介绍船舶机电管理，主要包括电气设备管理、安全用电、电气管理人员主要工作等内容。第二部分渔船电机操作与评估，由沈千军、刘黎明编写，总结了大纲中要求的评估内容以及比较常用的一些电气操作项目的操作规范和评估要求。全书由沈千军统稿。

限于编者经历及水平有限，书中错漏之处在所难免，敬请使用本书的师生批评指正，以求今后进一步改进。

本书在编写、出版工作中得到了农业部渔业渔政管理局、江苏渔船检验局、中国农业出版社等单位的关心和大力支持，同时也借鉴、参考了该领域相关书籍和文献资料，听取和采纳了同行的一些宝贵意见和建议，在此一并表示感谢。

编　者

2017年1月

目录

第二部分　渔船电机操作与评估

第一部分

船舶电机理论

第一篇 电工基础

第一章 基础知识

第一节 电路组成及基本定律

一、直流电路的基本物理量及单位

电路就是电流的通路，它是为了某种需要，将一些电气元件或设备按一定的方式组合起来的。任何一个完整的电路都可以归纳为三个基本组成部分，即电源、负载和中间环节。

(1) **电源** 指产生和提供电能的装置，如发电机、电池等，是将非电能量转换为电能的装置。

(2) **负载** 指消耗电能的用电设备，如电动机、电灯等，是将电能转换为非电能的装置。

(3) **中间环节** 指电能的传输和控制装置，包括连接电源与负载之间的电缆、控制开关、变压器、熔断器等各种控制设备。

(一) 电流

电流是电荷有规则的定向移动形成的，其大小用电流强度（简称电流）来衡量。在国际单位制中，电流（强度）的单位是安［培］（A）。常用的小电流单位有毫安（mA）和微安（μA）。

规定正电荷移动的方向（负电荷移动的反方向）为电流的实际方向，一般用箭头表示。

电流的参考方向：在分析和计算电路时，需要根据电路中各电流的方向，应用电路的基本定律写出分析计算式。仅根据电路中给定的电源极性或条件还不能确定电流的实际方向时，就需要在电路图中对未知电流先任意假设一个电流的参考方向，如图 1-1 所示，然后再根据参考方向，应用电路的基本定律写出分析计算式。由于一个电流只有两种可能的方向，因此可在假设参考方向的基础上用数学的正、负加以区别。如果分析计算的结果电流得正值，则假定的参考方向就是该电流的实际方向，如图 1-1a 所示；如果得负值，则其实际方向与参考方向相反，如图 1-1b 所示。

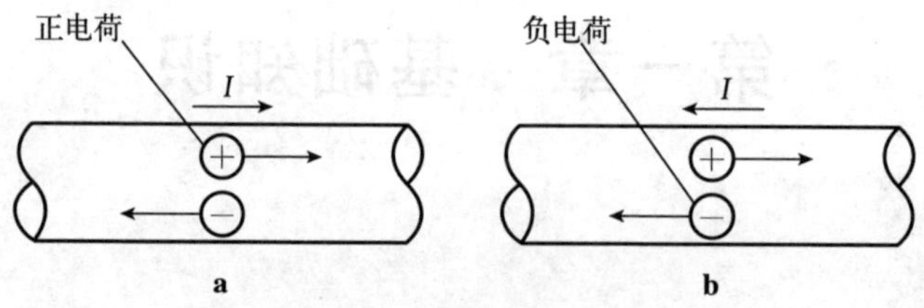

图 1-1 电流的参考方向

a. 电流正值 b. 电流负值

(二) 电压与电位

电场力和非电场力：电场力即电荷之间的作用力，表现为同号电荷相斥、异号电荷相吸。非电场力是指作用于电荷上的与电场力作用方向相反的力，如发电机绕组导体切割磁场时产生的分离正、负电荷的力，电池的化学反应所产生的分离正、负电荷的力，电源内所产生的这种非电场力又称电源力。

任何带电现象都首先是非电场力克服电场力而分离异号电荷所形成

的。电荷在非电场力的作用下移动，非电场力做功，使电荷的电位能增加。相反，电荷在电场力的作用下移动，则电场力做功，使电荷的电位能减少。

电压是衡量电场力对电荷做功能力的物理量。电路中任意两点 a 和 b 间的电压在数值上等于电场力把单位正电荷从 a 点移到 b 点所做的功，也即单位正电荷从 a 到 b 所失去的电位能。因此电路中两点之间的电压等于该两点的电位之差（也即单位正电荷在该两点的电位能之差）。

电压的规定方向为由高电位指向低电位，因此电压又称电压降（或电位降）。

当电压的实际方向不能确定时，同样可以假设参考方向。但是在电源以外的电路中，电流总是从高电位流向低电位，电压和电流的方向是互相关联的，当两者的方向均不能确定时，假设了电流的参考方向也就关联地设定了电压降的方向。

电压的方向可用“＋”“－”极性表示，也可用箭头或双下标表示（Uab 表示方向由 a 指向 b）。

电位：电路中某点的电位等于该点到零电位点（或称参考电位）的电压。

零电位点可任意选取，所选的零电位点不同，则电路各点的电位也随之改变，因此电位值是相对的。

电压、电位的国际单位是伏［特］（V）。常用的单位还有千伏（kV）、毫伏（mV）和微伏（μV）。

（三）电动势

定义：是衡量电源力对电荷做功能力的物理量。电源的电动势 E 在数值上等于电源力把单位正电荷由电源的低电位（负）端经电源内部移到高电位（正）端所做的功，也即单位正电荷所获得的电位能。因此电动势的量度单位与电压的相同，即伏特。

方向：是由低电位（负）端指向高电位（正）端，与电压的方向相反。由于电源内存在电源力，因此正电荷不能通过电源内部由（正）端回到（负）端。但当电源与外部负载电路接通时，正电荷可在电场力的作用下通过外电路由高电位端向低电位端移动，从而形成电路电流。随着两端电荷及其电场力的减少，电源力又可以克服电场力的阻力继续将正电荷不断地移向高电位端，从而保持连续的电流。在电场力的作用下电荷通过外部负载电路移动的过程中，由于克服电路的阻力而使电荷的电位能逐渐减少，这是将电能转换为非电能（如热能）的过程。

二、电路基本定律

（一）欧姆定律

1. 线性电阻电路的欧姆定律

欧姆定律指出，电阻两端的电压与流过电阻的电流成正比，其比值就是该电阻。它是分析和计算电路的最基本定律。

当电路中某一电阻 R 的电压 U 和电流 I 的参考方向一致时，如图 1-2a 所示，欧姆定律的数学表达式为：

$$R=\frac{U}{I}$$

如果遇到电路中某一电阻的电压 U 和电流的参考方向相反时，如图 1-2b、图 1-2c 所示，则以上式子应加负号，即：

$$R=-\frac{U}{I}$$

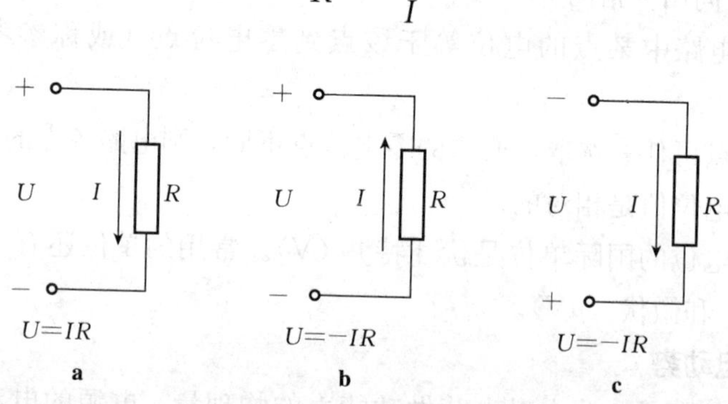

图 1-2 欧姆定律

a. 电压与电流同方向 b. 电压与电流反方向表示方法 1 c. 电压与电流反方向表示方法 2

这里应注意，一个式子中有两套正负号，式子中的正负号是根据电路上所选电压和电流参考方向得出的。此外，电压和电流本身还有正值和负值之分。

在国际单位制中，电阻的单位为欧［姆］（Ω）。计量高电阻时，常用千欧（kΩ）或兆欧（MΩ）。

2. 影响导体电阻的参数

导体电阻 R 的大小与导体材料的电阻率 ρ（Ωm）成正比、与导体的长

度 L（m）成正比、与导体的截面 S（mm^2）成反比，其计算式为：

$$R=\rho L/S$$

导体材料不同，其电阻率 ρ 不同。电阻率小的为良导体，如银、铜和铝。锰铜和康铜电阻率较大，常用于制作线绕电阻器、电炉丝等。

实际上导体电阻与温度的关系是，金属导体的电阻随温度的增加而增大。

（二）电路的工作状态

电路的工作状态通常有通路、断路、短路三种。

（1）通路状态　如图 1-3a 所示，通路也称闭合回路，此时电路才有正常的工作电流。

（2）断路（开路）状态　如图 1-3b 所示，电路中某处断开，即电流为零的状态。电路中电阻无穷大，用电器不能工作。

（3）短路　如图 1-3c 所示，电路中电位不同的两点直接碰接或被阻抗非常小的导体接通时的状态。电路中电阻等于或接近等于零。此时，电流非常大，称为短路电流。短路电流会对有关电路产生破坏性的作用。

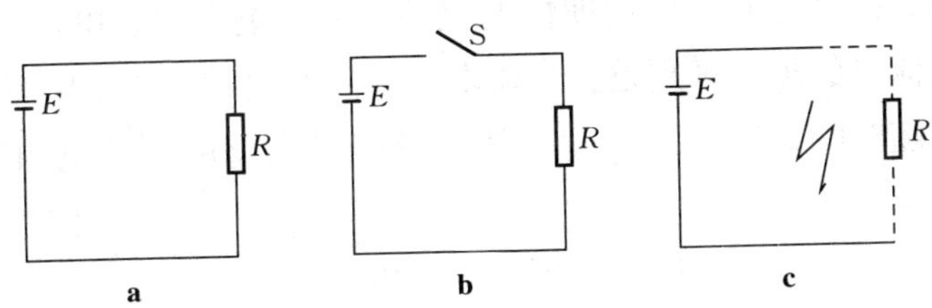

图 1-3　电路的工作状态

a. 通路　b. 断路　c. 短路

（三）基尔霍夫定律

1. 基尔霍夫第一定律

在任一瞬间，流进某一节点的电流之和恒等于流出该节点的电流之和，又名节点电流定律。

如图 1-4，对于节点 A：$I_1+I_2=I_3$。

即对于任一节点来说，流入（或流出）该节点电流的代数和恒等于零。

2. 基尔霍夫第二定律

在任一闭合回路中，各段电路电压降的代数和恒等于零，又名回路电压定律。如图 1-5，$I_1R_1-I_2R_2+E_2-E_1=0$。

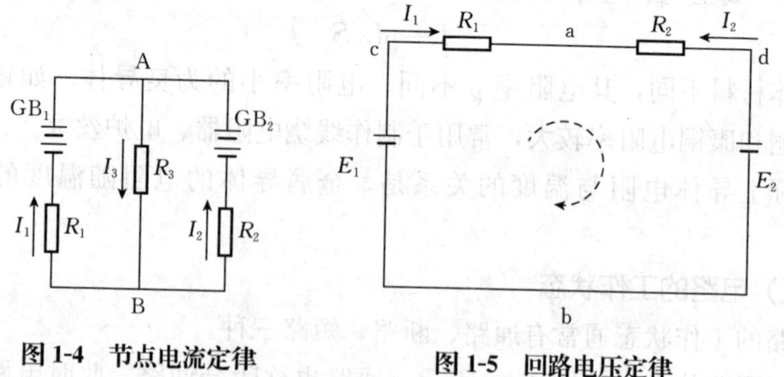

图 1-4　节点电流定律　　　图 1-5　回路电压定律

含义：在任一回路的循环方向上，回路中电动势的代数和恒等于电阻上电压降的代数和。

第二节　三相电路的功率及其测量

一、正弦交流电的基本概念

大小和方向都随时间作周期性变化的电流（电动势、电压）叫交流电。交流电与直流电的根本区别是：直流电的方向不随时间的变化而变化，交流电的方向则随时间的变化而变化。按正弦规律变化的交流电叫做正弦交流电，简称交流电。

交流电的三要素有：周期、幅值、初相位。

1. 周期

交流电每变化一次所需要的时间，单位是秒（s）。频率：交流电 1 s 内变化的次数，单位是赫兹，简称赫（Hz）。

关系：周期$=\frac{1}{频率}$或频率$=\frac{1}{周期}$

我国国家标准交流电的频率为 50 Hz，周期为 0.02 s。

2. 幅值（最大值）

一个正弦量在交变时出现的最大数值（包括正、负极）称为幅值（最大值）。

有效值：让交流电和直流电分别通过阻值完全相同的电阻，如果在相同的时间内这两种电流产生的热量相等，就把此直流电的数值定义为该交流电的有效值。

关系：幅值（最大值）等于有效值的$\sqrt{2}$倍。根据上述关系，当已知交流电的有效值时可求出交流电的幅值（最大值）。

3. 初相位

交流电动势的产生是假设线圈开始转动瞬间，线圈平面与中性面重合，即正弦交流电的起点为零。但事实上交流电变化是连续的，并没有肯定的起点和终点。当线圈刚开始转动的瞬间（$t=0$），在磁场内的线圈与中性面相位角叫初相位。

二、交流电路中的电阻、电感、电容元件

交流电电压、电流的大小和方向随时间变化，并且存在相位关系。交流电路中元件有电阻、电感和电容，而且三种元件上的电流、电压关系不相同。

例如，工作中会碰到多种性质的负载，如白炽灯、电炉、电烘箱等为阻性负载；日光灯、电动机为感性负载；以及各种电容器等容性元件。

三、三相交流电源基本概念

1. 三相对称交流电

指三个电压幅值大小相等，同频率变化，但在相位上互差120°。

在生产和生活中及其他用电场所，大都使用三相交流电的形式来产生和分配的。这是因为：①与同功率的单相交流发电机相比，三相交流发电机具有体积小、原料省的优点；②三相输电较经济，在相同的距离内以相同的电压输送相同的功率，而且假设线路损耗也相同时，三相输电比单相输电节省输电线金属用量的25%；③三相电动机具有结构简单、维护方便、运行性能好、价格低廉等优点。

2. 三相电源的连接

(1) 星形（Y）连接　把三个绕组的末端X、Y、Z连接在一起，由A、B、C三个始端引出三根输电线，如图1-6a，这种连接方法称为星形接法。

三个末端连在一起的接点称中点和零点。由中点引出的线称中线（零线），从始端A、B、C引出的三根线称端线或相线。中点不引出线的供电方式称三相三线制，中点引出中线的供电方式称三相四线制。

每相相线与中线间（即绕组始端与末端间）的电压称相电压，其有效值

用U_A、U_B、U_C表示。由每两根相线间的电压称线电压，其有效值用U_{AB}、U_{BC}、U_{CA}。表示。它们的关系：线电压等于相电压的$\sqrt{3}$倍，即$U_{线}=\sqrt{3}U_{相}$。

(2) 三角形（△）连接　一个绕组的末端和另一个绕组的始端按顺序连接，即X接B、Y接C、Z接A连接成一个三角形，再从三个接点引三根端线（相线）供电，此种连接方法称三角形连接。如图1-6b所示。

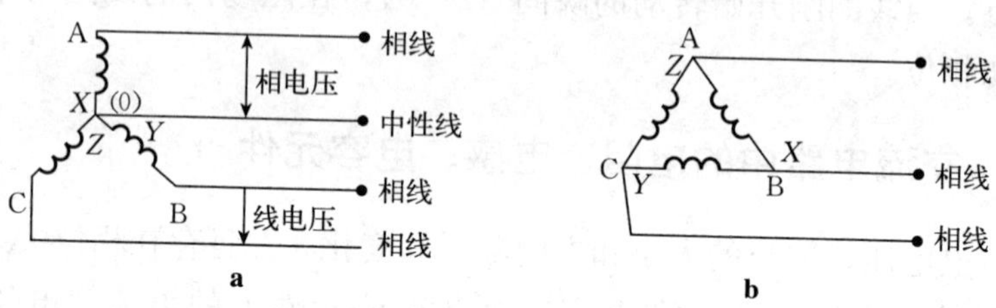

图1-6　三相电源的连接

a. 星形（Y）连接　b. 三角形（△）连接

三相绕组按三角形连接时，线电压和相电压相等。发电机三相绕组很少接成三角形，一般都接成星形。

四、三相负载的连接方式

在实际使用中，三相负载根据什么原则确定它应该接成星形（Y）或者三角形（△）呢？主要是根据电源的线电压和负载的额定电压的关系而定的。当各相负载的额定电压等于电源线电压的$1/\sqrt{3}$时，应将负载接成星形；如果误接，把应该作星形连接的接成三角形，那么每相负载上所施加的电压都为它的额定电压的$\sqrt{3}$倍，会使负载烧毁；反之，若把应该是三角形联结的错接成星形，如果负载是电动机，则由于电动机的转矩是与电压的平方成正比，势必降低电动机的转矩，同样会造成生产事故。

五、三相交流电路功率的计算

不论负载是星形连接或是三角形连接，也不论负载是否对称，三相总的有功功率应等于三个单相功率之和，每相的功率等于其相电压、相电流和该相功率因数的乘积。

当负载对称时，各相的有功功率相等，则三相总功率P为：

$$P=3U_{相}\ I_{相}\ \cos\varphi=\sqrt{3}U_{线}\ I_{线}\ \cos\varphi$$

同理，我们可得到对称三相负载无功功率 Q 和视在功率 S 的表达式：

$$Q=3I_{相}U_{相}\sin\varphi=\sqrt{3}U_{线}I_{线}\sin\varphi$$

$$S=\sqrt{P^2+Q^2}=3U_{相}I_{相}=\sqrt{3}U_{线}I_{线}$$

六、提高功率因数的意义和方法

船舶所用交流设备多数为感性负载。在感性电路中，感性负载的功率因数小于1。也就是说，电路中还有一部分能量并没有消耗在负载上，而是与电源之间反复进行交换，这就是无功功率，它占用了电源的部分容量。

1. 提高功率因数的意义

(1) 充分利用电源设备的容量　如果一个电源的额定电压为 U_N，额定电流为 I_N，那么它的额定容量即额定视在功率，其公式为：

$$S_N=U_NI_N$$

设电源容量为 $S_N=40$kVA，则可供400盏40 W（$\cos\varphi=0.4$）的荧光灯使用，或可供1 000盏40 W（$\cos\varphi=1$）的白炽灯使用。

(2) 减小供电线路的功率损耗　在电源电压一定的情况下，对于相同功率的负载，功率因数越低，电流越大，供电线路上电压降和功率损耗也就越大。

如果供电线路上的电压降过大，就会造成电网末端的用电设备长期处于低压运行状态，影响其正常工作。为了减少电能损耗，改善供电质量，就必须提高功率因数。

2. 提高功率因数的方法

(1) 提高自然功率因数　用电设备本身的功率因数又称自然功率因数。

合理选用电动机，使电动机的容量与被拖动的机械负载配套，避免“大马拖小车”的现象。

应尽量不要让电动机空转；对于负载有变化且经常处于轻载运行状态的电动机，在运行过程中采用△—Y接线的自动转换，使电路的功率因数提高。

(2) 并接电容器补偿　见图1-7。

如果电容器的额定电压与电网电压相同，应采用三角形接法。

功率因数一般补偿到0.9以上即可，如果用过大的电容器，造成“过补偿”，反而会致使电路成为容性，降低功率因数。

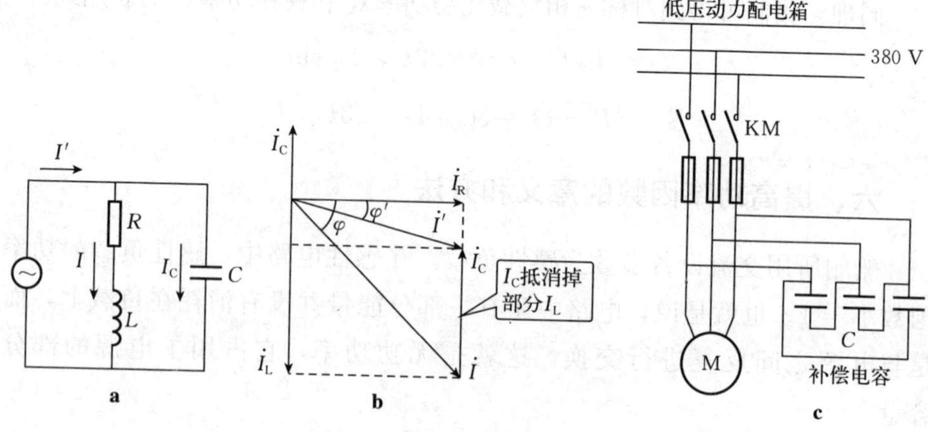

图 1-7　电容器与感性负载并联

a. 电路接法　b. 电路电流分析　c. 电机电路接法

第三节　磁路与铁芯线圈

一、磁路及基本物理量

1. 磁路

由于铁磁材料是良导磁物质，因此它的磁导率比其他物质的大得多，能把分散的磁场集中起来，使磁力线绝大部分经过铁芯而形成闭合的磁路（图 1-8）。

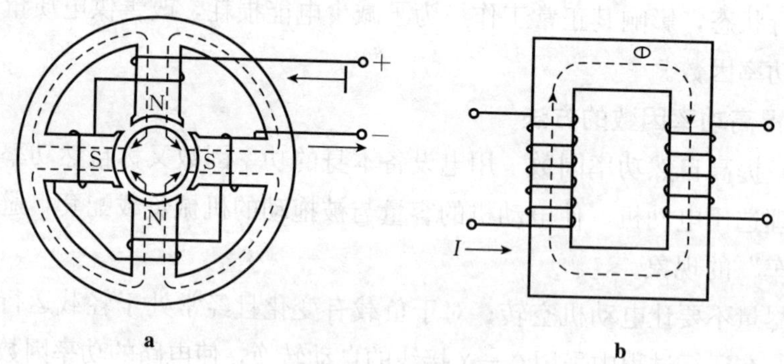

图 1-8　磁　路

a. 四极直流电动机的磁路　b. 变压器铁芯线圈的磁路

2. 磁场的基本物理量

（1）磁感应强度　磁感应强度 B 是表示空间某点磁场强弱和方向的物

理量，其大小可用通过垂直于磁场方向的单位面积内磁力线的数目来表示。由电流产生的磁场方向可用右手螺旋法则确定，国际单位为特斯拉，简称特，符号为 T。

(2) 磁通　磁感应强度 B 与垂直于磁力线方向的面积 S 的乘积称为穿过该面的磁通 Φ，即 $\Phi=BS$。

磁通 Φ 又表示穿过某一截面 S 的磁力线根数，磁感应强度 B 在数值上可以看成与磁场方向相垂直的单位面积所通过的磁通，故又称磁通密度。磁通的国际单位为韦伯（Wb）。

(3) 磁场强度　磁场强度是描述磁场性质的物理量。磁场强度 H 的国际单位是 A/m（安培/米）。方向与磁感应强度 B 的方向相同。

(4) 磁导率　磁导率 μ 是用来表示物质导磁性能的物理量，某介质的磁导率是指该介质中磁感应强度和磁场强度的比值，即 $\mu=B/H$。磁导率的单位为 H/m（亨/米）。

二、交流铁芯线圈与电磁铁

1. 交流铁芯线圈

铁芯线圈可以通入直流电来励磁（如电磁铁），产生的磁通是恒定的，在线圈和铁芯中不会感应出电动势来。在一定的电压下，线圈中的电流和线圈的电阻有关。

2. 电磁铁

电磁铁是利用载流铁芯线圈产生的电磁吸力来操纵机械装置，以完成预期动作的一种电器。它是将电能转换为机械能的一种电磁元件。

电磁铁主要由线圈、铁芯及衔铁三部分组成，铁芯和衔铁一般用软磁材料制成。铁芯一般是静止的，线圈总是装在铁芯上。开关电器中电磁铁的衔铁上还装有弹簧（图 1-9）。

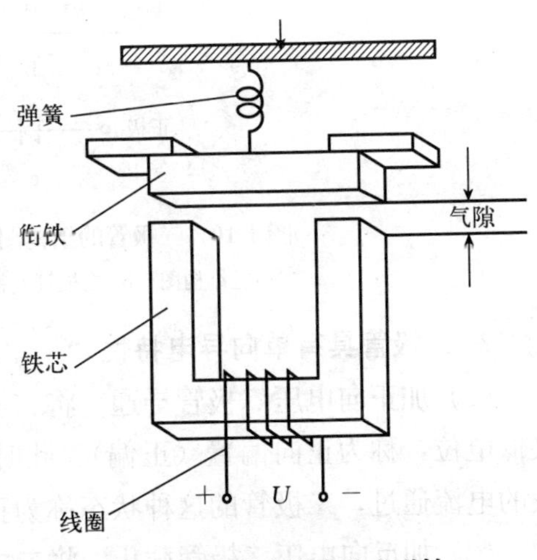

图 1-9　开关电器中的电磁铁

第四节　半导体基础理论

一、二极管的单向导电特性

1. 二极管的结构和图形符号

普通二极管是由一个 PN 结加上两条电极引线做成管芯，从 P 区引出的电极作为正极，从 N 区引出的电极作为负极，并且用塑料、玻璃或金属等材料作为管壳封装起来的。二极管的体积较小时，在其中的一端用一个色环来表示负极，无色环一端就是正极；体积较大时，常在壳体上印有标明正极和负极的符号。图 1-10 所示为二极管的结构、实物图和图形符号。

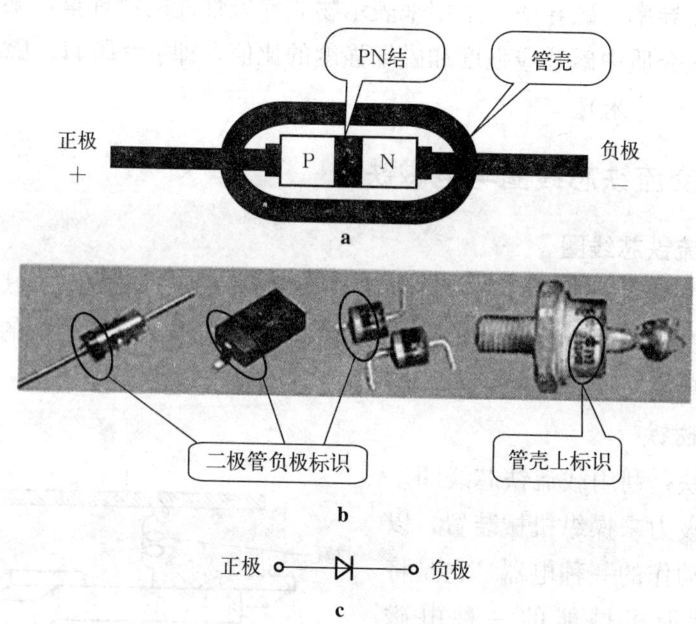

图 1-10　二极管的结构图、实物图和图形符号

a. 二极管结构图　b. 二极管实物图　c. 二极管的图形符号

2. 二极管具有单向导电特性

（1）加正向电压二极管导通　将二极管的正极接电路中的高电位，负极接低电位，称为正向偏置（正偏）。此时二极管内部呈现较小的电阻，有较大的电流通过，二极管的这种状态称为正向导通状态。

（2）加反向电压二极管截止　将二极管的正极接电路中的低电位，负极接高电位，称为反向偏置（反偏）。此时二极管内部呈现很大的电阻，几乎

没有电流通过，二极管的这种状态称为反向截止状态。

二、二极管整流电路

1. 桥式整流电路

单相桥式整流电路由电源变压器和四个同型号的二极管接成电桥形式组成，桥路的一对角点接变压器的二次绕组，另一对角点接负载。电路原理及简化画法如图 1-11 所示。

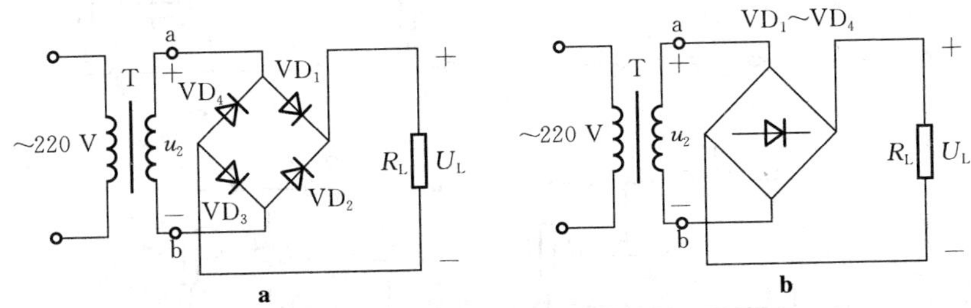

图 1-11　单相桥式整流电路

a. 电路原理图　b. 简化画法

2. 工作原理

① 当输入电压为正半周时，VD_1、VD_3 导通，VD_2、VD_4 截止。此电流流经负载 R_L 时，在负载上形成了上正下负的输出电压。

② 当输入电压为负半周时，VD_2、VD_4 导通，VD_1、VD_3 截止。同样在负载上形成了上正下负的输出电压。

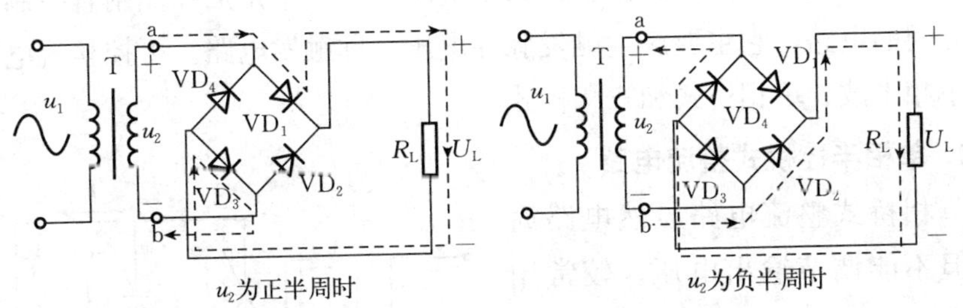

③ 负载上的直流电压的计算公式为：$U_L=0.9U_2$。

3. 滤波电路

整流电路是利用二极管的单向导电性把交流电变为脉动的直流电，其中含有很大的交流成分。除一些特殊的场合可以作为供电电源使用外，一般不能作为电子电路的供电电源。这样就必须采取一定的措施，一方面尽量滤除输出电压中的交流成分，另一方面又要尽量保留其中的直流成分，使输出电压接近于理想的直流电压。滤除它的交流成分就称为滤波，完成这一任务的电路称为滤波电路。

常用的是滤波器直接接在整流电路后面，通常由电容、电感和电阻按一定的方式组合成多种形式的滤波电路（图 1-12）。

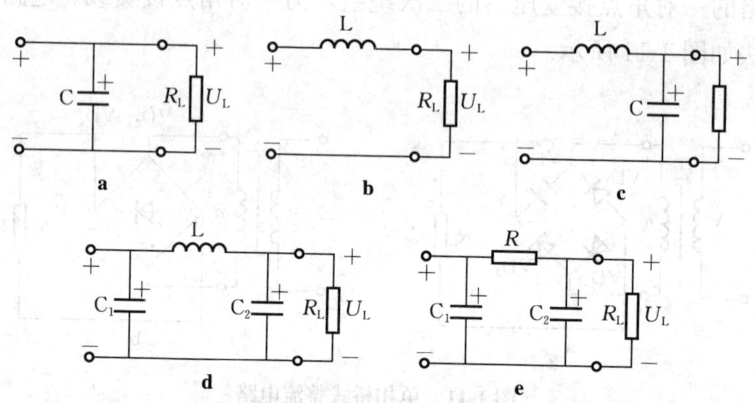

图 1-12 常用滤波电路

a. 电容滤波 b. 电感滤液 c. 倒 L 形滤波 d. LCπ 形滤波 e. RCπ 形波滤

三、可控硅整流电路

在二极管整流电路中用晶闸管（可控硅）来替代某些或全部整流元件，就构成可控整流电路。可控整流电路由两部分组成：一是由交流电源、晶闸管阳、阴极和负载组成的回路，称为主电路；另一个是加在晶闸管控制极与阴极之间的电路，它主要产生触发脉冲电压，称触发电路。可控整流电路可分为单相半波、单相桥式和三相桥式等。

1. 单相半控桥式整流电路

单相桥式整流电路虽然电路简单，但不能调节输出电压。较常用的是半控桥式整流电路（简称半控桥）的电路如图 1-13 所示。

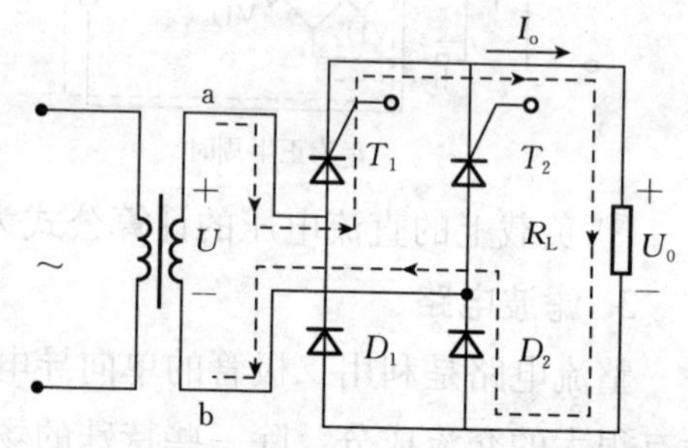

图 1-13 单相半控桥式整流电路

在变压器副边电压 U 的正半周（a 端为正）时，T_1 和 D_2 承受正向电压。这时如对晶闸管 T_1 引入触发

信号，则 T_1 和 D_2 导通，电流的通路为a→T_1→R_L→D_2→b。这时 T_2 和 D_1 都因承受反向电压而截止。同样，在电压 U 的负半周时，T_2 和 D_1 承受正向电压，这时如对晶闸管 T_2 引入触发信号，则 T_2 和 D_1 导通，电流的通路b→T_2→R_L→D_1→a，这时 T_1 和 D_2 截止。

如图 1-13 所示，触发角为 a 时，输出电压 U。波形为 a 角后的两个半控桥式的正弦波形，0～a 期间晶闸管因未触发而正向截止，无输出电压。晶闸管导通时可近似认为晶闸管两端没有电压，而反向截止时，承受另一个导通晶闸管过来的正弦最高电压，而在正向触发前，晶闸管承受了自身的正向电压。

当整流电路接电阻性负载时，桥式半控整流电路输出电压为

$$U_0=0.9U\frac{(1+\cos\alpha)}{2}$$

当 α 为 0°时，半控桥式整流与不可控桥式整流是一样的；当仅为 180°时，晶闸管被关断，没有输出电压。与单相半波整流电路相比，桥式整流电路输出电压的平均值要大 1 倍。晶闸管承受的反向电压为$\sqrt{2}$ U。晶闸管正向截止期间，虽然与二极管共同分担电压，但由于二极管承担正向电压可忽略不计，因此晶闸管承受的最大正向电压也为$\sqrt{2}$ U。

2. 三相可控桥式全波整流电路

交流侧由三相电源供电的不可控整流电路称为三相不可控整流电路，而可控整流电路称为三相可控整流电路，分为三相半波和桥式整流两种。

如图 1-14 所示，三相可控桥式整流电路中阴极连接在一起的 3 个晶闸管（VT_1、VT_3、VT_5）称为共阴极组；阳极连接在一起的 3 个晶闸管（VT_4、VT_6、VT_2）称为共阳极组。共阴极组中与 a、b、c 三相电源相接的

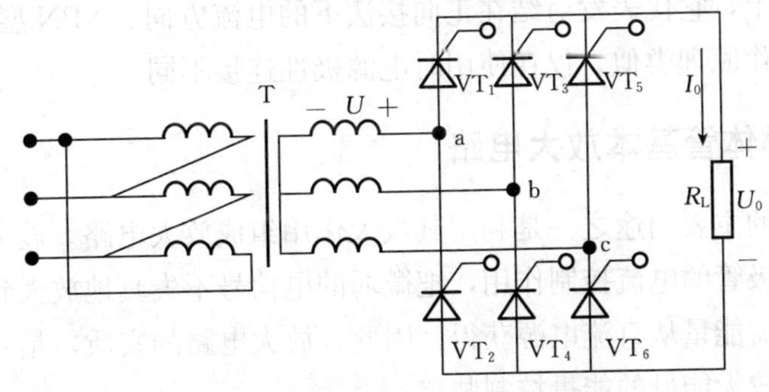

图 1-14　三相可控桥式全波整流电路

3 个晶闸管分别为 VT_1、VT_3、VT_5，共阳极组中与 a、b、c 三相电源相接的 3 个晶闸管分别为 VT_4、VT_6、VT_2。晶闸管的导通顺序为 VT_1-VT_2-VT_3-VT_4-VT_5-VT_6。

四、晶体管的基本特性

晶体管（半导体三极管）是最重要的一种半导体器件，是电子设备的关键元件，是组成各种放大电路的核心，它的放大和开关作用促使电子技术飞跃发展。

目前最常见的晶体管结构有平面型和合金型两类。硅管主要是平面型，锗管都是合金型。不论是平面型还是合金型，晶体管都分为 NPN 型或 PNP 型，它们的结构示意图和表示符号如图 1-15 所示。图 1-16 是常见的三极管的外形示例。

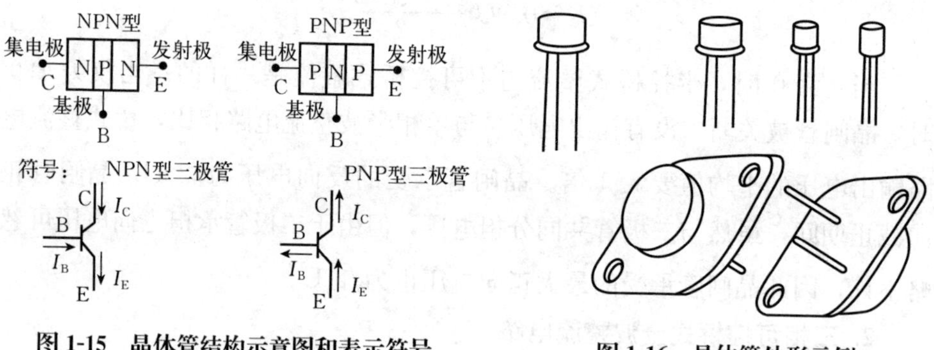

图 1-15　晶体管结构示意图和表示符号　　**图 1-16　晶体管外形示例**

如图 1-15 所示，各种晶体管都分成基区、发射区和集电区，分别引出基极 B、发射极 E 和集电极 C。每个晶体管都有两个 PN 结。基区和发射区之间的结称为发射结，基区和集电区之间的结称为集电结。

硅管多为 NPN 型，锗管多为 PNP 型。它们在符号上的差别只在发射极箭头的方向上，它代表发射结在正向接法下的电流方向。NPN 型和 PNP 型晶体管的工作原理类似，仅在使用时电源极性连接不同。

五、晶体管基本放大电路

晶体管的主要用途之一是利用其放大作用组成放大电路。放大电路的功能是利用三极管的电流控制作用，把微弱的电信号不失真地放大到所需要的数值，而所需能量从直流电源获得。因此，放大电路的实质，是一种用较小能量去控制较大能量的能量控制装置。

第二章　电机与电力拖动

第一节　变压器的基本作用原理和主要功能

一、变压器的基本结构和铭牌数据

图 2-1 所示为一个变压器的基本结构和符号。它有一个用以沟通回路的铁芯，铁芯采用相互绝缘的薄硅钢片叠成。在铁芯上安放两个由绝缘铜线绕制的线圈；与电源（或输入信号）相连接的线圈称为原边绕组，也称初级绕组；与负载连接输出电压（或信号）的线圈称为副边绕组，又称为次级绕组。

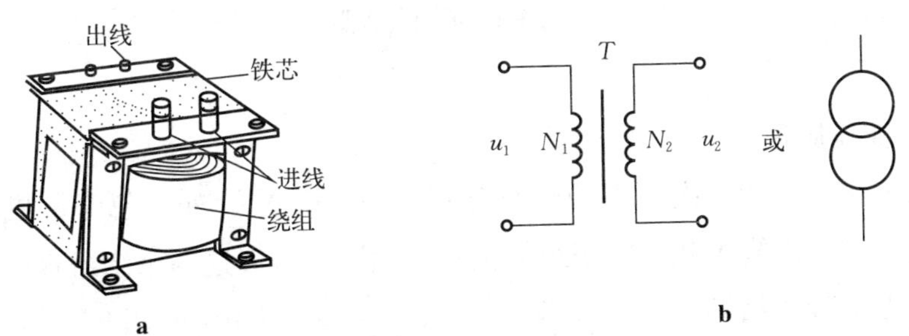

图 2-1　变压器的基本结构和符号

a. 变压器基本结构　b. 变压器符号

变压器根据冷却方式不同最常见的有两种：一种是利用其自身周围空气流通而自行冷却的干式变压器；另一种是将变压器浸在变压器油中，利用油的对流进行冷却的湿式变压器。为了避免变压器可能带来的火灾隐患，目前船舶电力系统中都采用干式变压器。

变压器的铭牌上标出了一些表征其性能的额定参数。主要有：

(1) 额定容量　为变压器的额定视在功率，单位为伏安（VA）或千伏安（kVA）。由于变压器的效率较高，通常原副边的额定容量可认为近似相等。

(2) 额定电压 U_1/U_2　U_1 为原边输入电压（即电源电压）的额定值；U_2 是在原边接额定电压副边开路时，其输出的端电压。对于三相变压器，U_1、U_2 均为线电压。

(3) 额定电流 I_1/I_2　分别为原、副边的额定电流值。

此外，变压器铭牌上通常还标注有额定频率、额定效率、温升、空载损耗等参数。

二、变压器的工作原理

单相变压器工作原理如图 2-2 所示。

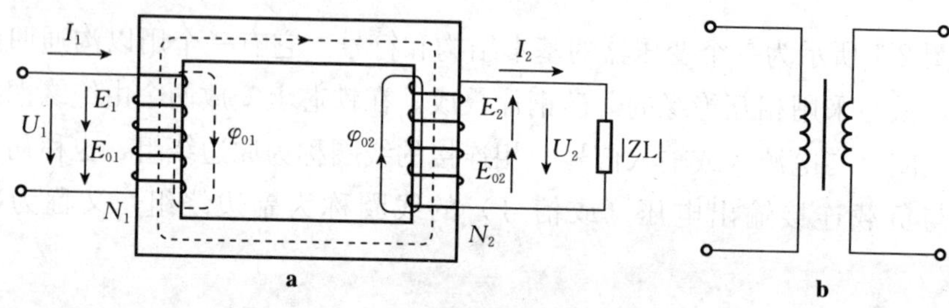

图 2-2　单相变压器

a. 工作原理　b. 图形符号

1. 变压原理

设一次绕组和二次绕组的匝数分别为 N_1 和 N_2。如果忽略漏磁通，可以认为穿过一次绕组和二次绕组的主磁通相同，所以这两个绕组每匝所产生的感应电动势也相等。

一次绕组与电源相接，如果将绕组电阻忽略不计，感应电动势 E_1 与加在绕组两端的电压 U_1 近似相等，即 $U_1=E_1$。二次绕组相当于一个电源，如果也将绕组电阻忽略不计，则有 $U_2=E_2$。由此可得

$$\frac{U_1}{U_2}=\frac{E_1}{E_2}=\frac{N_1}{N_2}$$

这种忽略绕组电阻和各种电磁能量损耗的变压器称为理想变压器。

上式表明，理想变压器一次、二次绕组端电压之比等于绕组的匝数比。匝数比又称变比。

当 $N_1>N_2$ 时，则 $U_1>U_2$，变压器使电压降低，这种变压器称为降压变压器。

当 $N_1<N_2$ 时，则 $U_1<U_2$，变压器使电压升高，这种变压器称为升压变压器。

若 $N_2=N_1$，则 $U_2=U_1$，变压器变比为 1。虽然这种变压器并不改变电压，但它可以将用电器与电网隔离开来，因此称隔离变压器。

2. 变流原理

变压器在工作过程中，无论变换后的电压是升高还是降低，电能都不会增加。根据能量守恒定律，理想变压器的输出功率 P_2 应与变压器从电源中获得的功率 P_1 相等。当变压器只有一个二次绕组时，应有如下关系：$I_1U_1=I_2U_2$，因而得到

$$\frac{I_1}{I_2}=\frac{U_2}{U_1}=\frac{N_2}{N_1}$$

上式表明，变压器工作时，一次、二次绕组中的电流跟匝数成反比。

三、三相变压器

三相变压器是采用三台同型号的单相变压器分别对三相电源的每一相进行变压，具有备用容量小、便于维修保养等优点。

三相变压器一般采用芯式结构，在铁芯的三个铁芯柱上，每个铁芯柱分别安放一相的原边和副边绕组，即对应相的原边、副边绕组放在同一铁芯柱上。三相原、副边绕组根据需要，进行适当的三相连接，即星形或三角形连接，如图 2-3 所示，三相原边绕组已接成星形连接，副边绕组三角形连接，当原边输入为三相对称电压时，三相副边绕组输出的三相电压也一定为三相对称电压。原边、副边绕组输出的电压比也取决于原边、副边绕组的匝数比，

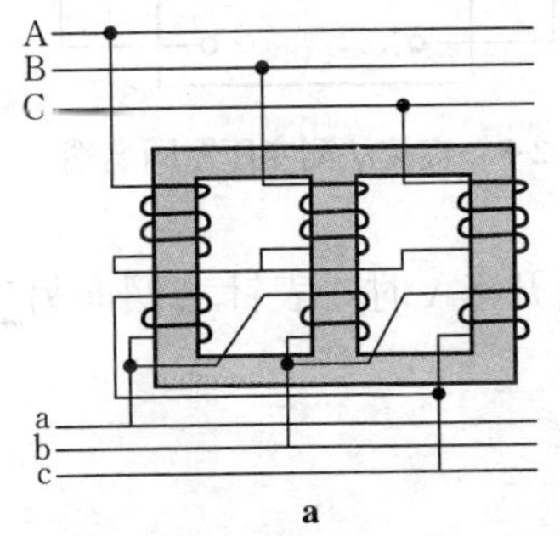

a

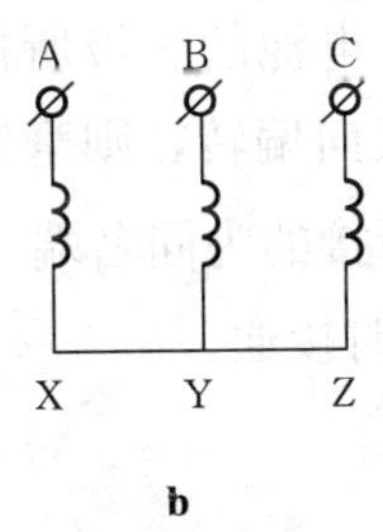

b

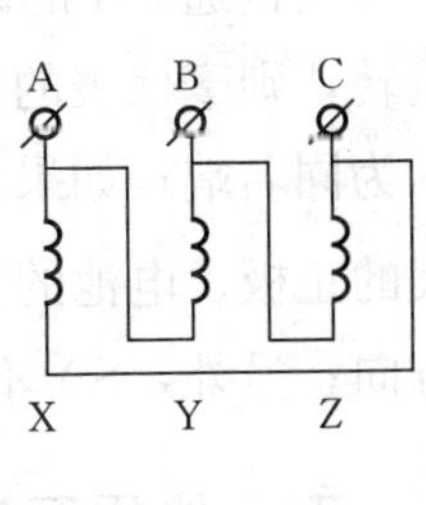

c

图 2-3　三相变压器

a. 三相变压器　b. 星形连接　c. 三角形连接

而原副边线电压比还取决于不同的接法。假如原副边绕组比为K，而接法为如图2-3所示的原边星形、副边三角形，则输入线电压与输出线电压之比为$\sqrt{3}K:1$。

为了保证船舶照明变压器不间断地连续供电，则用两台三相变压器，一台运行，一台备用。

四、变压器同名端的测量

实际工作中，变压器串、并联运行，如线圈绕向不符合要求会造成严重后果。操作中，把线圈绕向一致而产生感应电动势的极性始终保持一致的端点叫做同名端，一般用“·”或“*”号表示（图2-4）。

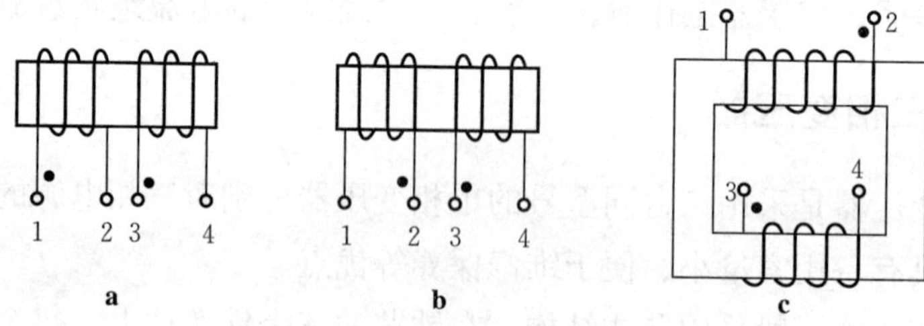

图2-4 变压器同名端

a. 同轴同旋向 b. 同轴反旋向 c. 双轴同旋向

可用直流法来测定同名端。具体做法：准备一枚电池（或电池组），一只直流毫伏表，按图2-5直流法测变压器同名端接线。

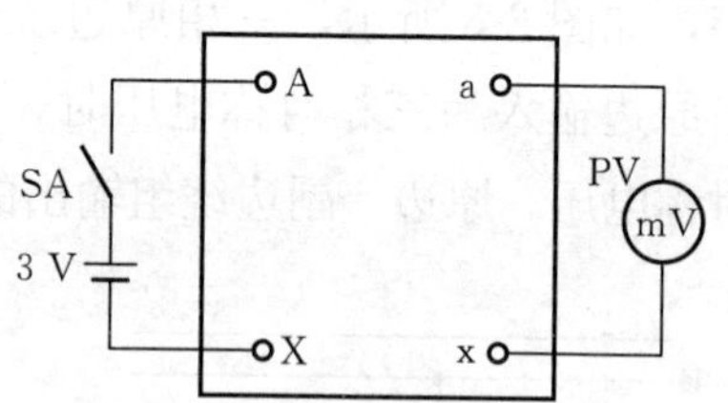

图2-5 直流法测变压器同名端

当接通SA的瞬间，毫伏表表针正向偏转，则毫伏表的正极、电池的正极所接的为同名端；如果表针反向偏转，则毫伏表的正极、电池的负极所接的为同名端。注意断开SA时，表针会摆向另一方向；另外，SA不可长时接通。

五、仪用互感器

仪用互感器是一种特殊的双绕组变压器，有电压互感器和电流互感器两种。使用互感器的目的：一是使测量仪表与被测高电压电路隔离，以减小相

互影响并保障安全；二是扩大测量仪表的量程，可以使用小量程的电流表测量大电流，用低量程电压表测量高电压。互感器除了用于测量电流和电压外，还用于各类继电保护装置的辅助检测设备。

1. 电压互感器

电压互感器使用时将匝数较多的原边绕组（也称高压绕组）并联于被测电网，而匝数较少的副边绕组连接电压表或其他仪表（如功率表）的电压线圈（图 2-6）。由于电压表及其他仪表电压线圈的阻抗值相当高，因此电压互感器使用时相当于一台空载运行时的变压器，而它也是按这一特点设计制造的，所以电压互感器在使用时副边不能短路。

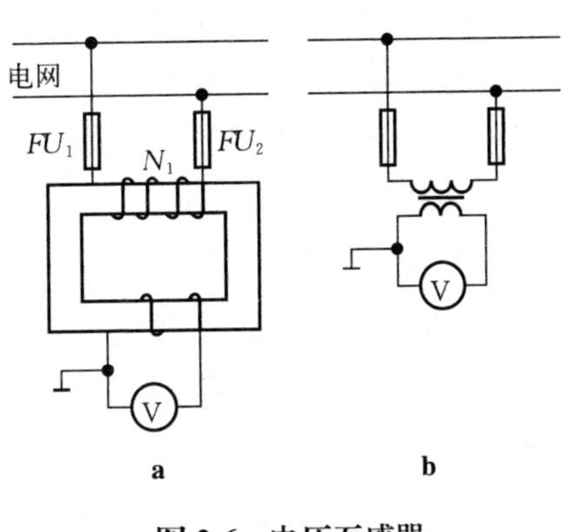

图 2-6　电压互感器

a. 原理图　b. 电路图

电压互感器的副边绕组及外壳必须接地。这主要是为了：一是为了防止一旦高、低压绕组间的绝缘损坏而使低压绕组和测量仪表对地出现高电压，危及人员和设备的安全；另一方面也是为了防止静电荷积累而影响测量精度。此外，还必须在高压侧装接熔断器，以防止电压互感器意外损坏时影响被测电网。

电压互感器高压侧的额定电压有多种不同规格，而低压侧一般均为 100 V。如果互感器副边所接的电压表是与其配套的，则表上所指示值即为被测电压的实际值。

例如，一般船舶电站所使用的电压互感器，当原边电压为 0～400 V 时，其副边电压将为 0～100 V，而电压表上读数则为 0～400 V。

2. 电流互感器

电流互感器的原边绕组通常只有几匝甚至一匝，用粗导线或铜排绕制；而副边绕组的匝数较多，导线也较细，因此它相当于一个升压变压器。使用时将原边绕组串接于被测主电路中，而副边绕组与测量的电流表等连接（图 2-7）。根据变压器的原边、副边电流关系式 $I_1=I_2/K$ 可知，当原边被测电流变化时，副边电流也随之按比例变化。同电压互感器一样，电流互感器原边额定电流（即被测电流）有各种不同的等级，而副边一般均为 5 A 或 1 A，当电流表与之配套时，则表的指示值即为被测电流的实际值。

由于电流互感器的原边绕组是串接于被测电路中的，因此其原边绕组中电流的大小取决于被测电流的大小，而不受副边电流大小的影响。正常工作时，由于副边所接电流表（或功率表的电流线圈）的阻抗很小，因此副边绕组中有一定的电流流过，从而产生磁势，使原边、副边绕组产生的磁势基本抵消，铁芯中磁通很小。但是一旦将副边绕组开路，则此时原边被测的大电流即成为互感器的空载励磁电流，其产生的磁势将使铁芯中的磁通剧增，这将使副边绕组中产生极高的感应电势，可能击穿绝缘并危及人员及设备的安全，同时也会因铁芯中铁损的剧增而使铁芯迅速发热，致使互感器烧毁。因此，电流互感器在使用时切不可将副边绕组开路，而副边绕组中也绝不允许接熔断器，电流互感器的副边及外壳必须接地；在带电情况下拆装副边所接的仪表时，必须先将副边绕组短路。

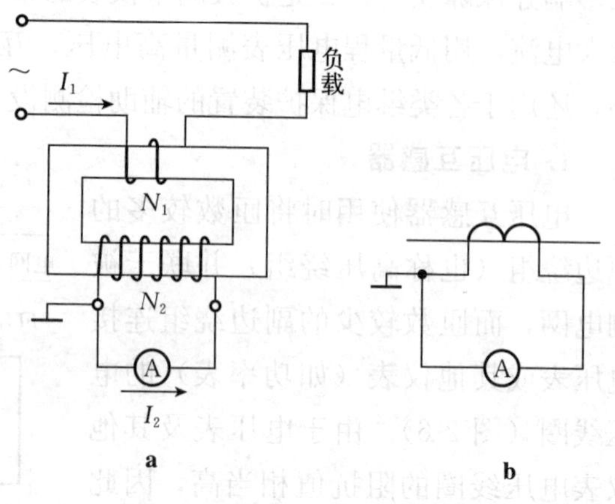

图 2-7　电流互感器的工作原理

a. 原理图　b. 电路图

第二节　三相异步电动机的构造和基本工作原理

一、异步电动机的概述

交流异步电动机可将交流电能转换为机械能从而拖动机械负载。与直流电机及其他电动机相比较，异步电动机具有结构简单、启动方便、运行可靠、价格低廉、维护保养方便等优点。目前船舶上几乎所有的甲板机械及机舱辅机动力电动机都采用三相鼠笼式异步电动机，而对于一些需要进行变速控制的拖动设备，如起货机、锚机等，也正逐步采用三相异步电动机来替代其他动力设备。

异步电动机的主要缺点是必须从电网吸收滞后的无功功率，而轻载时功率因数较低，这对船舶电网及发电机的运行较为不利。

二、三相异步电动机的结构和铭牌参数

1. 三相异步电动机的基本结构

三相异步电动机按照转子结构形式不同分为鼠笼式（图 2-8）和绕线式（图 2-9）两种，船舶上大多采用鼠笼式。图 2-8 为一台三相鼠笼式异步电动机的结构分解图。鼠笼式异步电动机主要由两个基本部分组成：静止不动的定子和可以旋转的转子。定子和转子之间有一很窄的空气隙。此外，还有支撑转子的端盖等。

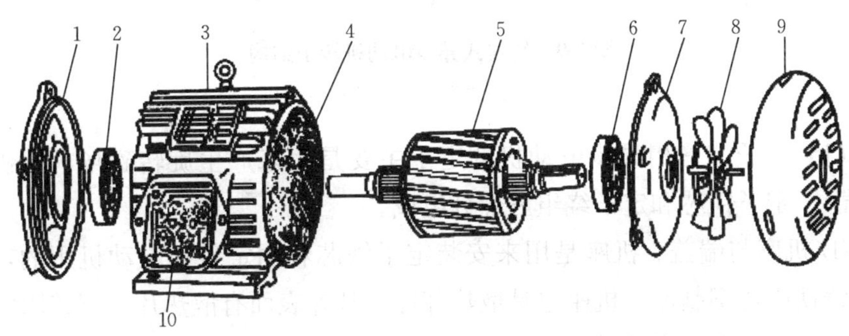

图 2-8　三相鼠笼式异步电动机的结构

1. 端盖　2. 轴承　3. 机座　4. 定子绕组　5. 转子
6. 轴承　7. 端盖　8. 风扇　9. 风罩　10. 接线盒

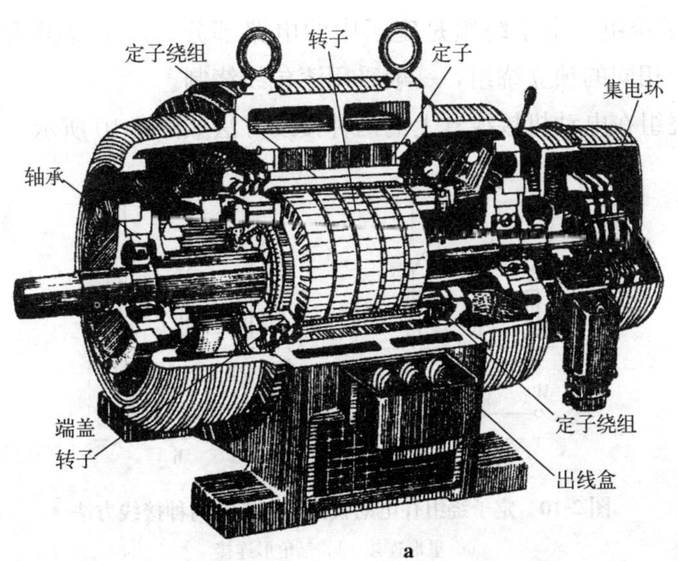

a

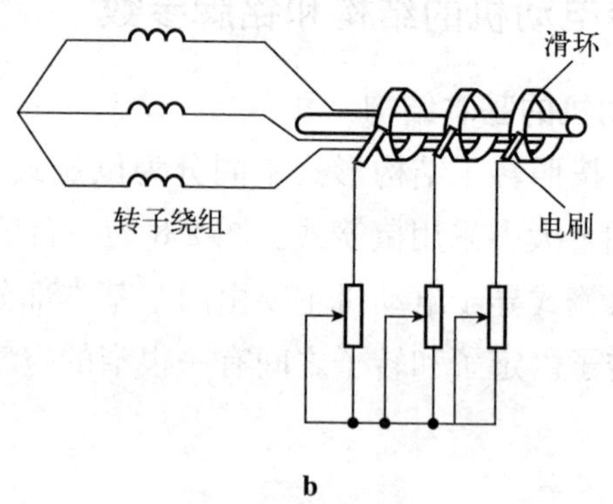

图 2-9　绕线式异步电动机转子结构

a. 实物图　b. 结构图

（1）定子　三相异步电动机的定子主要是用来产生旋转磁场，由机座（外壳）、定子铁芯和定子绕组三部分组成。

① 机座与端盖。机座是用来安装定子铁芯和固定整个电动机用的，一般用铸铁或铸钢制成。机座也是散热部件，其外表面有散热片。端盖固定在机座上，端盖上设有轴承室，以放置轴承并支撑转子。

② 定子铁芯。定子铁芯是电动机磁路的一部分，由于异步电动机中产生的是旋转磁场，因此该磁场相对定子以一定的同步转速旋转，定子铁芯中磁通的大小及方向都是变化的。

③ 定子绕组。定子绕组是定子中的电路部分。定子绕组为三相绕组，即三个完全相同的独立绕组，一般采用漆包线绕制。

定子绕组在电动机接线盒上的两种接线方法如图 2-10 所示。

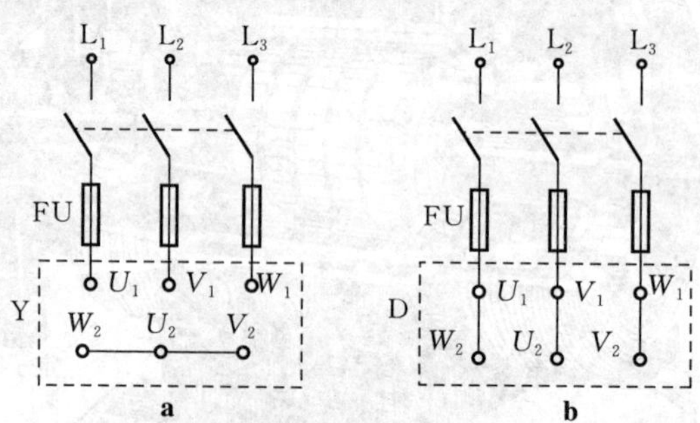

图 2-10　定子绕组在电动机接线盒上的两种接线方法

a. 星形连接　b. 三角形连接

(2) 转子　转子是电动机的旋转部分，其作用是在旋转磁场的作用下获得一个转动力矩，以带动生产机械一同转动。异步电动机的转子有鼠笼式和绕线式两种型式。两种转子均包括转子铁芯、转子绕组、转轴、轴承、滑环（仅限绕线式中有）等。

① 转子铁芯。转子铁芯用厚度为 0.5 mm 硅钢片叠成，压装在转轴上，以此片叠成的铁芯外圆的表面有均匀分布且与转轴平行的槽，槽内嵌放转子绕组。

② 鼠笼式转子绕组。鼠笼式转子绕组是裸铜条或由铸铝制成。铜条绕组是把裸铜条插入转子铁芯槽内，两端用两个端环焊成通路。铸铝绕组是将铝熔化后浇铸到转子铁芯槽内，两个端环及冷却用的风翼也同时铸成。一般小型笼式异步电动机都采用铸铝转子。

(3) 气隙　异步电动机的定子与转子之间有一很窄的空气隙。中小型异步电动机的气隙一般为 0.2～1.0 mm。气隙的大小直接关系电动机的运行性能。通常，气隙越小，电动机磁路中的磁阻越小，产生一定量磁通所需要的励磁电流就小，电动机运行性能越好。

2. 三相异步电动机的铭牌数据

在每台电动机的外壳上都有装有一块铭牌，该铭牌上标出这台电动机的主要技术数据。数据主要包括：①型号；②额定电压；③额定电流；④额定功率因数；⑤额定功率；⑥额定频率；⑦额定转速；⑧工作方式；⑨接法。

三、三相异步电动机的工作原理

1. 定子旋转磁场的产生

以两极三相异步电动机为例，如图 2-11 所示，三相异步电动机的定子绕组是结构完全相同的三相绕组，三相绕组的首、末端分别用 U_1-U_2、V_1-V_2、W_1-W_2 表示，在制作时三相绕组沿定子铁芯内圆周均匀而对称地放置在内。所谓对称，即三相线圈的首端（或末端）在定子内圆周上彼此相隔 120°，图 2-11a 所示。为分析方便，每相绕组用一匝线圈代替，三相绕组将分布在六个槽口中。三相线圈根据需要可以接成星形或者三角形，图 2-11b 是将它们作星形连接（把三个末端 U_2、V_2、W_2 并接在一起）。

$\omega t=0$ 时，$i_A=0$，U 相绕组中没有电流；i_B 是负值，即 V 相绕组中电流由 V_2 端流进，V_1 端流出；i_C 为正值，即电流从 W_1 端流进，W_2 端流出。根据右手螺旋定则，可确定合成磁场磁轴的方向如图 2-12a 所示。

$\omega t=60°$时，$i_C=0$；i_A 为正值，电流由 U_1端流进，U_2 端流出；i_B 为负

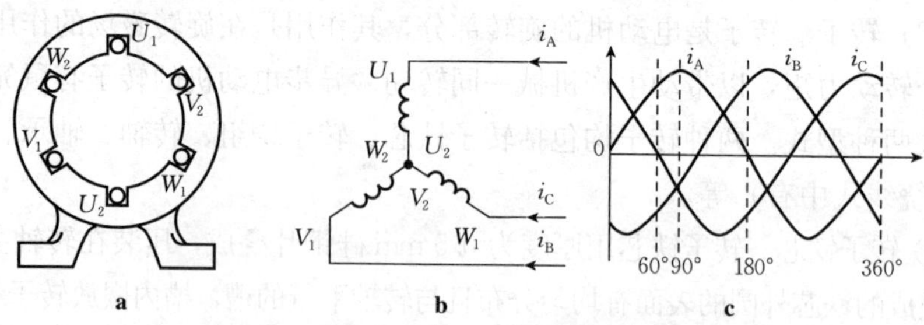

图 2-11　三相异步电动机的定子绕组和电流

a. 定子内部示意图　b. 电路接线示意图　c. 电流坐标表示图

值，电流由 V_2 端流进，V_1 端流出，此时合成磁场如图 2-12b 所示。相比 $\omega t=0$时刻，合成磁场在空间按逆时针方向旋转了 60°。

$\omega t=90°$时，i_A 为正值，而 i_B、i_C 均为负值，同理可得合成磁场的方向如图 2-12c 所示。与 $\omega t=0$ 时刻相比，合成磁场在空间按逆时针方向旋转了 90°。由此可见，随着定子绕组中的三相电流随时间不断变化，它所产生的合成磁场则在空间不断地旋转，这就是旋转磁场。这种旋转磁场如同一对磁极在空间旋转所起的作用是一样的。

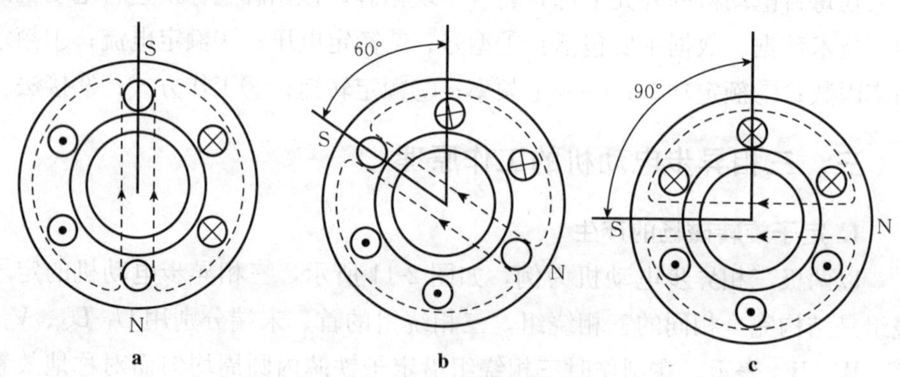

图 2-12　二极旋转磁场

a. U 相 0°　b. U 相 60°　c. U 相 90°

2. 旋转磁场的转向

将相序为 A→B→C 的三相电压对磁场转动方向是由三相绕组中所通入电流的相序决定的。若要改变旋转磁场的转向，只需把接入定子绕组的电源相序改变即可。

3. 旋转磁场的转速与磁极对数之间的关系

在两极（一对磁极）旋转磁场的分析中我们知道，当定子绕组中电流变

化一周时，旋转磁场转了一周，若电流的频率为 f_1，则电流每秒变化 f_1 周，旋转磁场的转速为 f_1 r/min。通常转速是以每分钟转数（r/min）计算，若以 n_0 表示旋转磁场的转速，则有当 $f_1=50$ Hz，旋转磁场的转速为 3 000 r/min。

4. 异步电动机的转动原理

异步电动机的转动原理可以用图 2-13 说明。

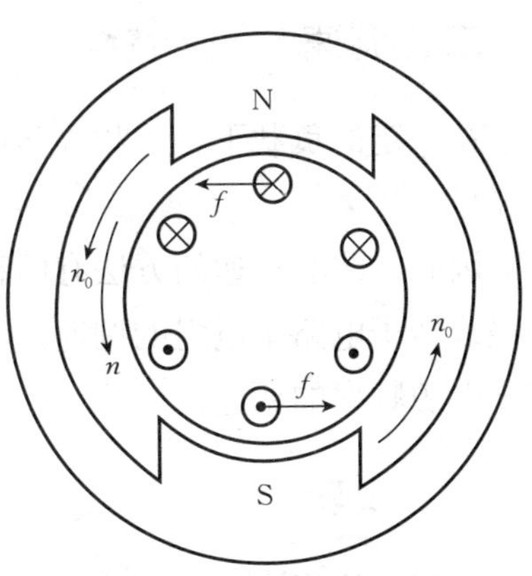

图 2-13　异步电动机的转动

转子转动的方向与旋转磁场方向相同，当旋转磁场方向反向时，电动机的转子也跟着反转。异步电动机的转动是基于电磁感应，故又称之为感应电动机。

5. 异步电动机的转差率

设旋转磁场和转子相对静止的空间的转速分别为 n_0、n，则旋转磁场对转子的相对转速差为 $\Delta n=n_0-n$，它与同步转速 n_0 的比值称为异步电动机的转差率，用 s 表示，

则有：$s=n_0-n/\ n_0$

转差率常用百分率表示，即有 $s=n_0-n/\ n_0\times100\%$

四、三相异步电动机的工作特性

① 具有硬的机械特性，即随着负载的变化而转速变化很少。

② 具有较大的过载能力。

③ 最大转矩与转子电路的电阻 R 无关，而到达最大转矩时的转差率 s 则与转子电路的电阻 R 成正比。

④ 电磁转矩与加在定子绕组上的电源电压的平方成正比。

第三节　三相异步电动机的启动、调速、反转与制动

一、启动

1. 直接启动

中小型鼠笼式电机直接启动电流为额定电流的 5～7 倍，启动电流大。

2. 降压启动

① 星形-三角形（Y-Δ）降压启动。

② 自耦变压器（启动补偿器）降压启动。

③ 线绕式转子串电阻启动。

二、调速

在一定的负载下，三相异步电动机的转速为：

$$n=60f/p\times(1-s)$$

因此，改变转速的方法有两种类型：①改变转差率调速，降低定子电压和绕线转子电路串电阻的调速。②改变同步转速，调速改变磁极对数和改变定子电源频率的调速。

三、反转

只要把接到电动机上的三根电源线中的任意两根对调一下，旋转磁场就反向旋转，则电动机便反转。

四、制动

电动机的基本制动方式有以下三种。

1. 能耗制动

切断开关使电动机脱离三相电源，立即把开关扳到向下位置，使定子绕组中通过直流电流。于是在电动机内产生一个恒定的不旋转的磁场，此时转子由于机械惯性继续旋转，因而转子导线切割磁力线，产生感应电动势和电流。载有电流的导体在恒定磁场的作用下，受到制动力，产生制动转矩，使转子迅速停止。这种制动方法就是把电动机轴上的旋转动能转变为电能，消耗在电阻上，故称为能耗制动。

2. 再生制动

异步电动机运行中，当其转子转速 n 高于定子旋转磁场的同步转速 n_0 时，转子绕组切割定子旋转磁场的方向将会改变，从而使电磁转矩的方向改变而成为与转子方向相反的制动转矩，电动机进入再生制动状态运行。再生制动时，电动机的转差率 $s<0$。

3. 反接制动

当电动机电源反接后，旋转磁场便反向旋转，转子绕组中的感应电动势

及电流的方向也都随之而改变。此时转子所产生的转矩为一制动转矩，电动机的转速很快地降到零。当电动机的转速接近于零时，应立即切断电源，以免电动机反向旋转。反接制动时电机中的电流很大，因此一般需在定子电路（对鼠笼式）或转子电路（对线绕式）中串入电阻，以限制制动时的电流。反接制动时，电动机的转差率 $S>1$。

第四节　控制电机及在渔船上的应用

控制电机是自动控制系统中应用范围非常广泛的旋转电器。根据在自动控制系统中的作用，可分为执行元件和测量元件两大类。执行元件主要包括交、直流测速电动机、步进电动机等，它的任务是将输入的电信号转换成轴上的角位移或角速度的变化；测量元件主要包括交、直流测速发电机、自整角机等，它可以用来测量机械转角、转角差和转速等。

一、伺服电动机

伺服电动机在控制系统中是用作驱动控制对象的执行元件，它的转矩和转速受信号电压的控制。

特点：当有电信号（交流控制电压或直流控制电压）输入到伺服电动机的控制绕组时，它就马上拖动被控制的对象旋转；当电信号消失时，它就立即停止转动。

伺服电动机分为交流和直流两种类型。

1. 交流伺服电动机

交流伺服电动机实际上是两相异步电动机。其基本结构和一般异步电动机相似。定子铁芯上装有空间相隔 90°的两个绕组：一个是励磁绕组，另一个是控制绕组。

伺服电动机的转子有鼠笼式转子和杯形转子两种。

2. 直流伺服电动机

直流伺服电动机的结构与直流电机相同。根据获得磁极磁场型式的不同，常用的直流伺服电动机的结构型式有直流永磁式和电磁式两种。

永磁式的磁极为永久磁铁，采用具有矫顽磁力和剩磁感应强度值很高的稀土永磁材料组成。

电磁式伺服电动机如同他励直流电动机，它的励磁绕组和电枢分别有两个独立电源供电。为了减小转动惯量，使其响应迅速，直流伺服电动机的电枢都做成细长形。

二、测速发电机和电动转速表

测速发电机的功能是将机械转速信号转换为电压信号输出。它在自动控制系统中用来测量和调节转速，在反馈系统中常用来稳定转速。

测速发电机有直流测速发电机和交流测速发电机两种类型。

结构特点与运行原理：交流测速发电机的结构和交流伺服电动机相同，其转子有鼠笼式和空心杯转子两种类型，但鼠笼转子特性差，目前大多数采用空心杯形转子。定子上放置两套空间相差 90°的绕组，一个是励磁绕组，另一个是输出绕组。工作时，励磁绕组接在恒定的交流电源上（勿需串联电容），产生脉动磁场。当转子由某种设备拖动旋转时，输出绕组将有感应电压输出，感应电压与转子转速成线性正比例关系。

船舶上常用测速发电机（直流或交流）、转速指示仪和接线箱等组成远距离转速测量和监视系统。以船舶主机的转速测量为例，测速发电机的转子通过联轴器、齿轮或链轮链条与主机凸轮轴或尾轴连接。几个并联的转速指示表分别安装在机舱、集控室、驾驶室和轮机长室。转速表内设有调节电阻，以适配不同距离的应用场合之需。

三、自整角机

在同步传动系统（即转角随动系统）中，为了实现两个或两个以上相距很远而在机械上又互不联系的转轴进行同步角位移或同步旋转，常采用电气上互相联系，并具有自动整步能力的电机来实现转角的自动指示或同步传递，这种电机称为自整角机。在自整角构成的同步传动系统中，自整角机至少是两个或两个以上组合使用。其中一个自整角机与主动轴相联称为发送机，另一个与从动系统相联称为接收机。通常发送机和接收机的型号和结构完全相同。

自整角机按其在同步传动系统使用要求的不同分为力矩式自整角机和控制式自整角机。

1. 力矩式自整角机

接线方式如图 2-14 所示。

2. 控制式自整角机

在实际应用中，常会遇到一台发送机同时带动几台接收机并联运行，如

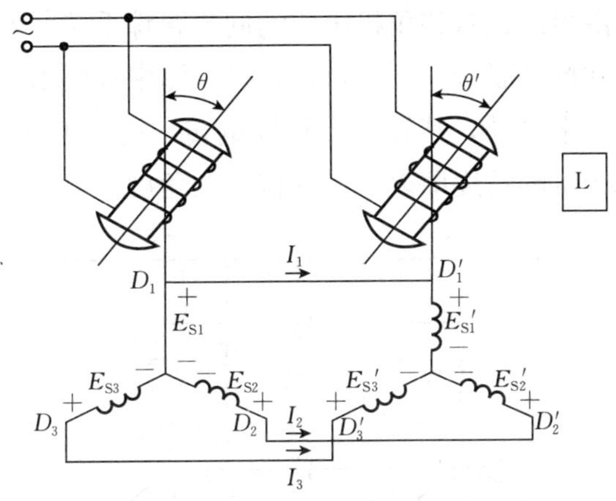

图 2-14　力矩式自整角机的接线图

船舶上的舵角指示器等。由于力矩式自整角机的输出转矩一般很小，通常只能带动指针类型的负载。因此为了提高自整角系统的负载能力和精确度，常采用另一种自整角系统（图 2-15），这种系统采用控制式自整角机，控制式自整角机的接线图。

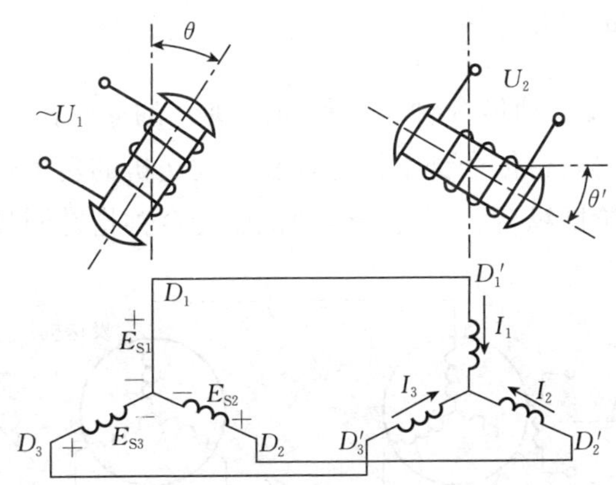

图 2-15　控制式自整角机的接线示例

控制式自整角机是把力矩式接收机的转子绕组从电源上断开，作为输出绕组。其基本功能是发送机接收到某一系统的机械转角信号后，将其转换为接收机的电压信号输出。

四、舵角指示器

舵角指示器是用以反映舵叶偏转角的装置。图 2-16 为交流舵角指示器的原理图。它是由力矩式自整角机组成的同步跟踪系统。发送机安装在舵机上，其转子与舵柱机械联接；而多台接收机（图中只画出 1 台）分别安装在驾驶室、机舱操纵室等处，其转子带指针偏转，指针也就随舵叶同步偏转，它在刻度盘上所指示的角度即表示舵叶偏转的角度。

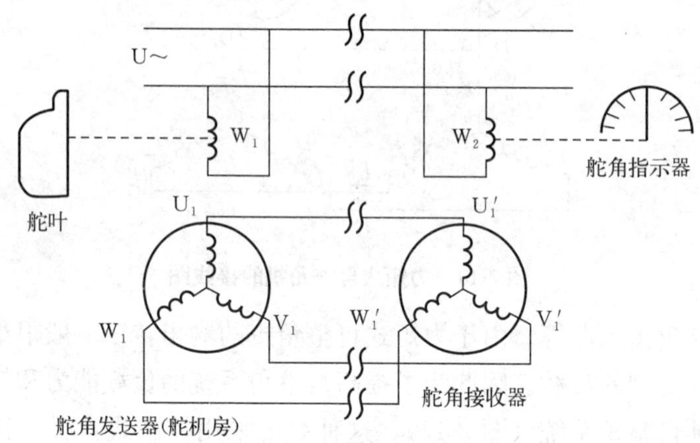

图 2-16　交流舵角指示器原理

五、电车钟（传令钟）

图 2-17 为交流电动传令钟（也称电车钟）的原理图。它由两套力矩式自整角机组成。驾驶台传令钟手柄与驾驶台发送机的转子机械连接，对应的接收机安装在机舱操纵台。其转子带动机舱传令钟指针同步偏转；另一套自

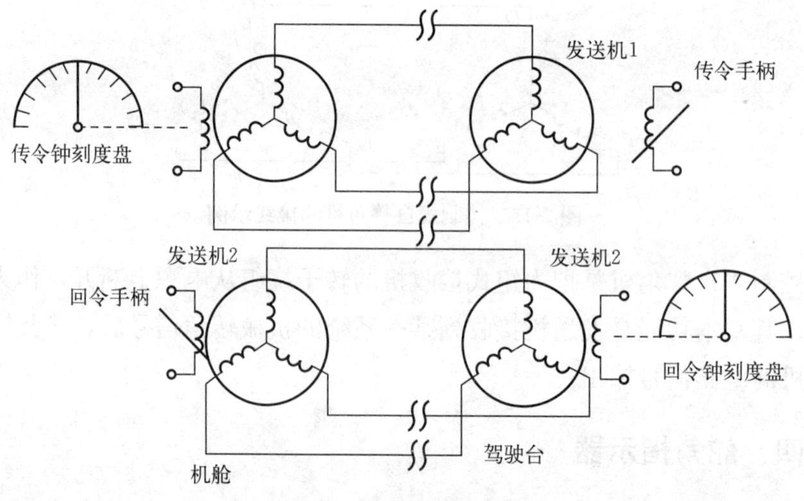

图 2-17　交流电动传令钟

整角机用于机舱回令系统，回令手柄与机舱的发送机 2 机械连接，驾驶台回令指针由驾驶台接收机 2 转子带动作同步偏转。

当驾驶台向机舱发送车令时，将手柄扳至所需车速位置，使发送机转子转过一个相应的角度，机舱传令钟的指针在接收机的转子带动下也同步偏转一个角度，从而将驾驶台发出的车令传送到了机舱。机舱回令时，将机舱回令手柄扳至传令钟所指位置，驾驶台的回令指针也同步偏转相应的角度，使指针指到驾驶台传令钟手柄所在的位置。另外还装有声光信号电路，在驾驶台发令时接通，机舱回令正确后关断。

第五节　船舶常用控制电器

一、常用控制电器的结构原理及功能

船舶常用控制电器主要包括主令电器、熔断器、接触器、继电器及电磁制动器断路器。

1. 主令电器

主令电器是切换控制线路的单极或多极电器，其触头容量小，不能切换主电路。主要包括按钮开关、组合开关、行程开关、主令控制器等。

(1) 按钮开关　按钮开关通常用来接通或断开控制电路，其外形图、结构原理图及电路符号如图 2-18 所示。

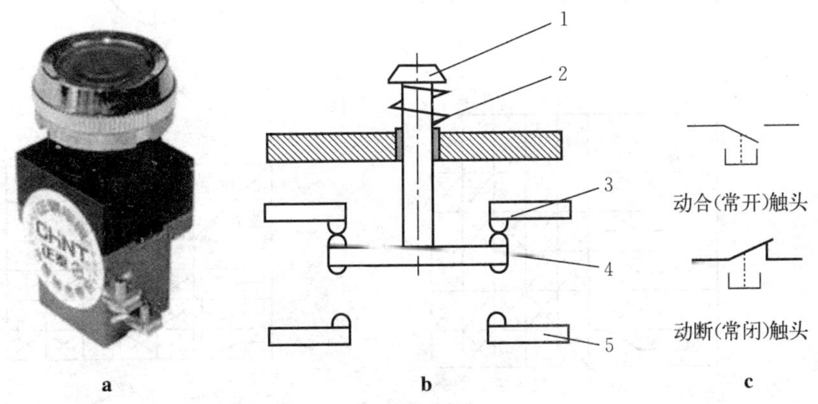

图 2-18　按钮开关

a. 外形　b. 结构原理　c. 电路符号

(2) 组合开关　组合开关又称转换开关，是一种多路多级并可以控制多个电气回路通断的主令开关（图 2-19）。

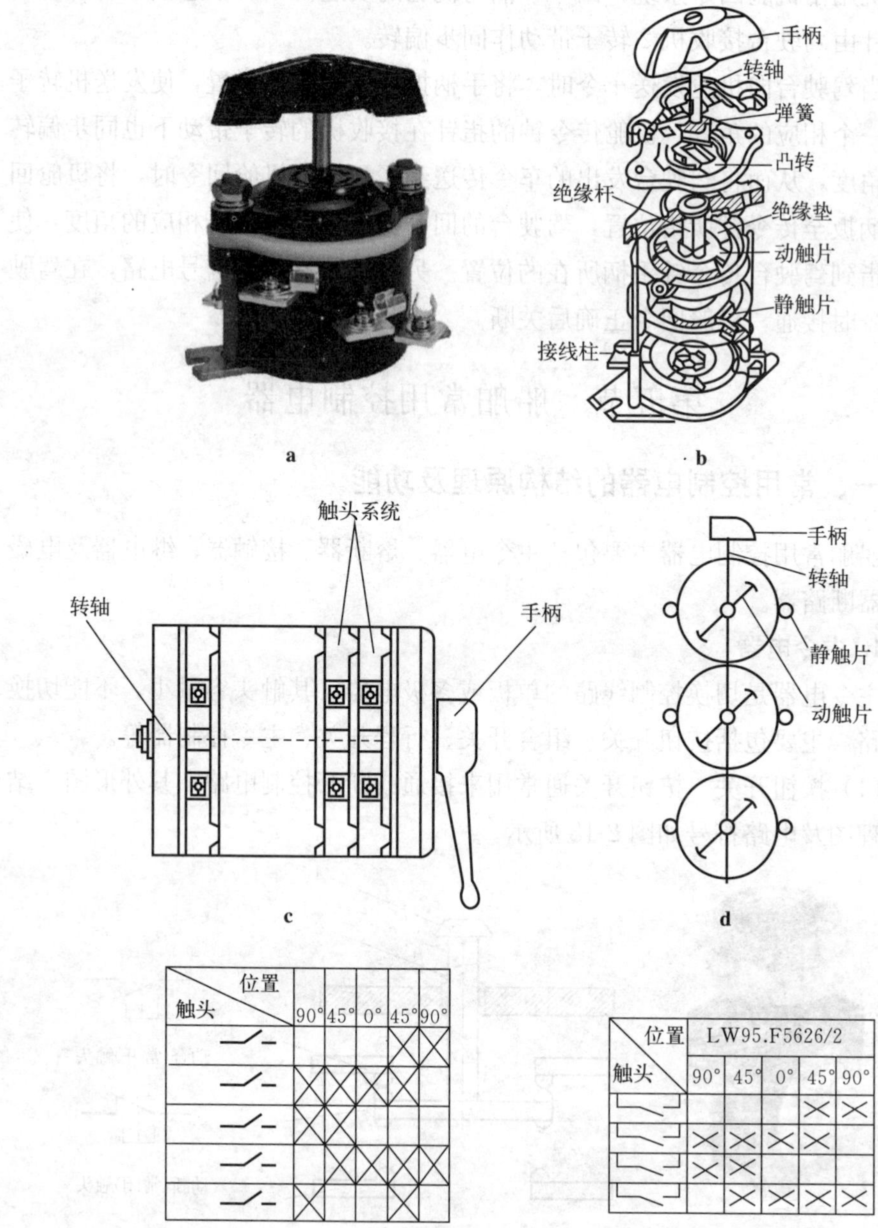

a

b

c

d

位置 / 触头	90°	45°	0°	45°	90°
				X	X
	X	X	X	X	
	X	X			
		X	X	X	X
	X			X	

e

位置 / 触头	LW95.F5626/2				
	90°	45°	0°	45°	90°
				X	X
	X	X	X	X	
	X	X			
		X	X	X	X

f

图 2-19　组合开关

a. 实物图　b. 结构图 1　c. 结构图 2　d. 示意图　e. 触头通断表 1　f. 触头通断表 2

(3) 行程开关　又称限位开关，是利用机械运动部件的碰撞或接近来控制其触头动作的开关电器。常用型式有按钮式和转臂式两种（图 2-20）。

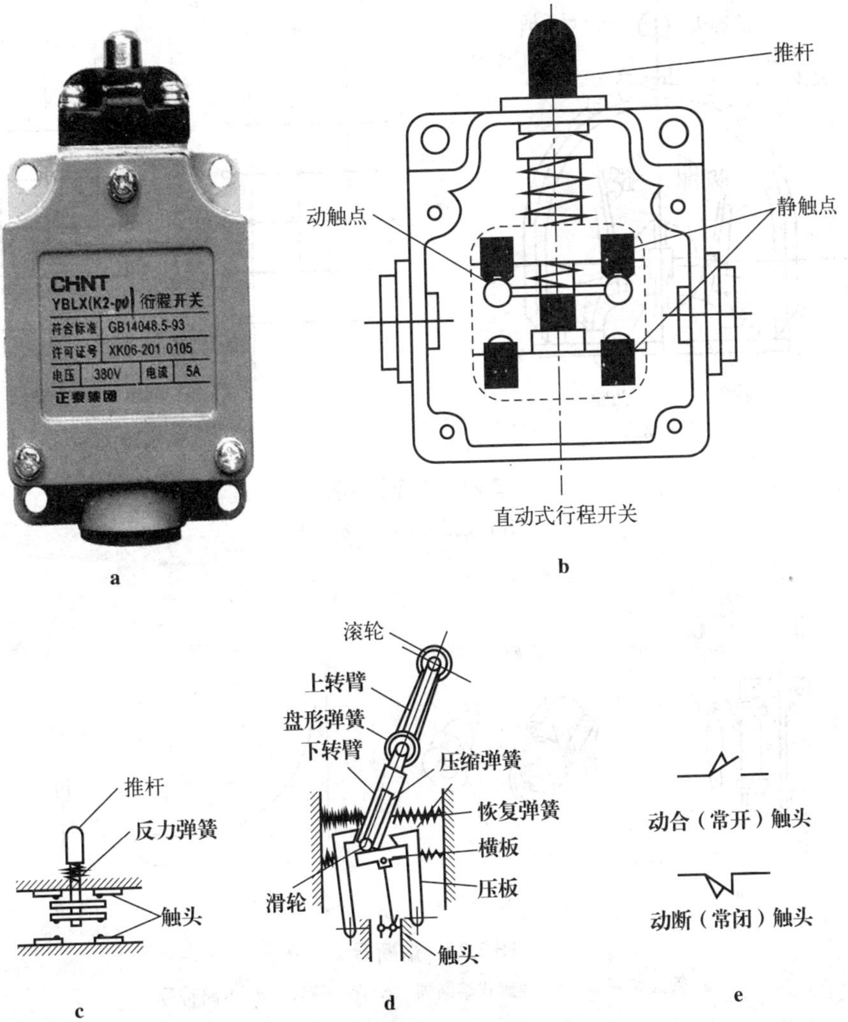

图 2-20　行程开关

a. 原图　b 直动式　c. 按钮式　d. 转臂式　e. 电路符号

（4）主令控制器　是一种多位置多回路的控制开关，适合于频繁操作并要求有多种控制状态的场合，如起货机、锚机和绞缆机的控制等（图 2-21）。

2. 熔断器

低压熔断器是低压配电系统中起安全保护作用的一种电器，广泛应用于电网保护和用电设备保护。主要作短路保护，有时也可起过载保护作用。

熔断器按结构可分为开启式、半封闭式和封闭式三种。封闭式熔断器又分为无填料管式、有填料管式和有填料螺旋式等（图 2-22）。

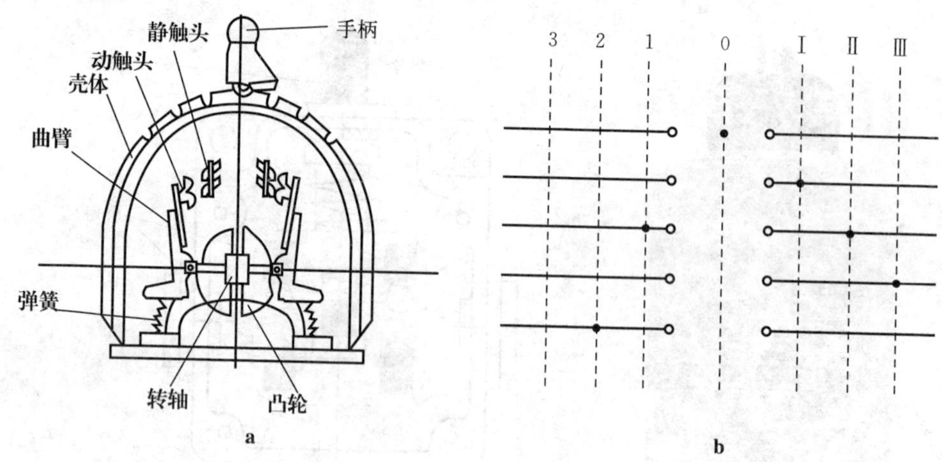

图 2-21　主令控制器

a. 结构示意图　b. 电路符号

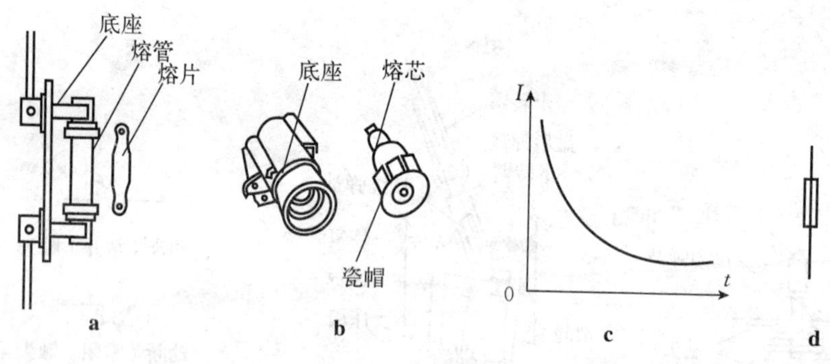

图 2-22　熔断器

a. 管式熔断器　b. 螺旋式熔断器　c. 保护特性　d. 电路符号

（1）熔断器的选用

① 电灯支路。熔体额定电流≥支路上所有电灯的工作电流之和。

② 单台直接启动电动机。熔体额定电流＝（1.5～2.5）×电动机额定电流。

③ 配电变压器低压侧。熔体额定电流＝（1～1.2）×变压器低压侧额定电流。

（2）熔断器使用时的注意事项

① 根据各种电器设备用电情况（电压等级、电流等级、负载变化情况等），在更换熔体时，应按规定换上相同型号、材料、尺寸、电流等级的

熔体。

② 按线路电压等级选用相应电压等级的熔断器，通常熔断器额定电压不应低于线路额定电压。

③ 根据配电系统中可能出现的最大短路电流，选择具有相应分断能力的熔断器。

④ 在电路中，各级熔断器应相应配合，通常要求前一级熔体比后一级熔体的额定电流大 2～3 倍，以免发生越级动作而扩大停电范围。

⑤ 不能随便改变熔断器的工作方式，在熔体熔断后，应根据熔断管端头上所标明的规格，换上相应的新熔断管。不能用一根熔丝搭在熔管的两端，装入熔断器内继续使用。

⑥ 作为电动机保护的熔断器，应按要求选择熔丝；而熔断器只能作电动机主回路的短路保护，不能作过载保护。

⑦ 在下列线路中，不允许接入熔断器的线路有：接地线路中；三相四线制的中性线路中；直流电动机的励磁回路。

3. 接触器

接触器是利用电磁吸力原理用于频繁地接通和切断大电流电路（即主电路）的开关电器。

接触器按控制电流的种类可分为：交流接触器和直流接触器，两类接触器在触头系统、电磁机构、灭弧装置等方面均有所不同。

图 2-23 是交流接触器的结构图和电路符号。它主要是由电磁铁和触点组两部分组成。

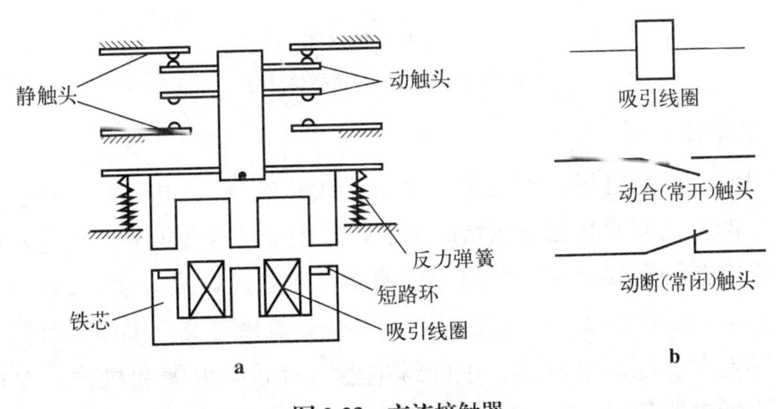

图 2-23　交流接触器

a. 结构示意图　b. 电路符号

按状态的不同，接触器的触点分为动合（常开）触点和动断（常闭）触点两种。接触器在线圈未通电时的状态称为释放状态；线圈通电、铁芯吸合时的状态称为吸合状态。接触器处于释放状态时断开而处于吸合状态时闭合的触点称为动合触点；反之称为动断触点。

动作原理：电磁线圈通电后产生电磁吸力，触头使其与触头闭合、与触头断开。当线圈断电时，动触头均复位。克服释放弹簧的阻力将衔铁吸下，衔铁带动衔铁被释放，在释放弹簧的作用下，衔铁和动触头均复位。

交直流接触器在电磁机构有很大的区别，交流接触器的线圈铁芯和衔铁由硅钢片叠成，以便减少铁损，而直流接触器的铁芯和衔铁可用整块钢。交流接触器的吸引线圈因具有较大的交流阻抗，故线圈匝数比较少，且采用较粗的漆包铜线绕制。相比之下，直流接触器的线圈匝数较多，绕制的漆包线较细。

为了消除交流接触器工作时的振动和噪声，交流接触器的电磁铁芯上必须装有短路环，图 2-24 所示为交流接触器上短路环的示意图。

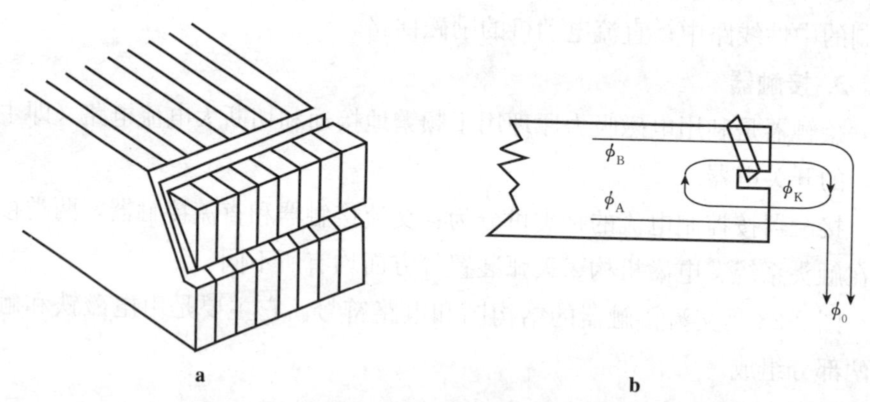

图 2-24　短路环

a. 恒磁链机构　b. 恒磁势机构

4. 继电器

继电器是根据电量（如电流、电压）或非电量（如时间、温度、压力、转速等）的变化而通断控制线路的电器，常用于信号传递和多个电路的扩展控制。继电器触点容量小，只用于通断小电流电路，没有主、辅触头之分。带动触点运动部件体积小，重量轻，动作快，灵敏度高。继电器可分为电磁式电压继电器、电流继电器、中间继电器、时间继电器和机械式温度继电器、压力继电器和速度继电器及电子式各种继电器等多种类型。

电磁继电器的基本组成部分和工作原理与接触器相似，有铁芯、衔铁、电磁线圈、释放弹簧和触头等。线圈的通电或断电，使衔铁带动触头闭合或断开，实现对电路的控制作用。

（1）**电压继电器**　其线圈匝数多、线径细，线圈与被监测的电压电路并联。其触头接在需要获得被监测电压信号的电路中。根据高于或低于被监测电压的整定值动作，利用触点开闭状态的变化传递被监测电压发生变化的信息，以实现根据电压变化进行的控铡或保护。

（2）**电流继电器**　其线圈匝数少、线径粗，线圈与被监测的电流电路相串联。是根据电流的变化而动作，利用触头开闭状态的变化传递电流变化的信息，以实现根据电流变化进行的控制或保护。

（3）**中间继电器**　是一种中间传递信号的继电器，其电磁线圈并不直接感测电压或电流的变化，而是传递某信号的“有”或“无”。因此，它的电压线圈并联于恒定的电压上，由其他指令电器或信号检测电器控制它的通电或断电。中间继电器可有多组触头，其线圈匝数多、线径细，线圈电流远小于其触头允许通过的电流，利用它的多组触头来扩大信号的控制范围，实施多路控制，由于线圈与触头电流差别较大，故有以小控大的信号“放大”作用。

（4）**时间继电器**　它是在电路中控制动作时间的继电器，具有接受信号后延时动作的特点。因此，这种继电器从接受动作指令信号到完成触头开闭状态的转换，中间有一定的时间延迟，从而实现延时控制。时间继电器按工作原理分类，有电磁式、空气阻尼式、电子式、电动式、钟摆式及半导体式等多种类型。根据其在线路中的动作要求，可分为四种类型。各类触头的动作要求及图形符号见表 2-1。

表 2-1　时间继电器各类触头的动作要求及图形符号

符 号 名 称	图形符号
当操作器件被吸合时延时闭合的动合触点	
当操作器件被释放时延时断开的动合触点	
当操作器件被释放时延时闭合的动断触点	
当操作器件被吸合时延时断开的动断触点	

图 2-25 为空气阻尼式电磁时间继电器结构原理图，是线圈通电延时的交流时间继电器。当电磁线圈 1 通电后，衔铁 2 立即被吸下，使其与活塞杆 3 脱离，释放弹簧 4 使活塞杆下移，但伞形活塞 5 的下移使被橡皮膜 6 密封隔绝的上气室的空气压力降低、下气室压力升高，形成对活塞的阻尼作用而缓慢下移，直到使杠杆 8 的一端触头微动开关 9 动作，才完成触头开闭状态的转换。微动开关 9 中间的动触点与上面的静触点构成“常开延时闭”、与下面的静触点构成“常闭延时开”的开关触头，其相应的触头电路符号如图 2-25a所示。该继电器还有一组不延时的瞬动触头（微动开关 13）。当线圈断电时，在释放弹簧 11 的作用下，衔铁方即释放，因上气室有放气阀 12，故各触头能立即复原。用针阀式螺钉 10 调节进气孔 7 的大小来整定延时长短。

根据不同的控制要求，这种时间继电器的铁芯和衔铁的上下安装位置可以方便地倒置（图 2-25b），这样就变成了断电延时继电器。断电延时继电器是当线圈通电时，各触头的开闭状态立即改变，而断电时则是延时复原。如常闭触点通电时立即断开，断电时延时闭合，因此它的触头是“常闭延时闭”和“常开延时开”，其电路符号如图中所示。

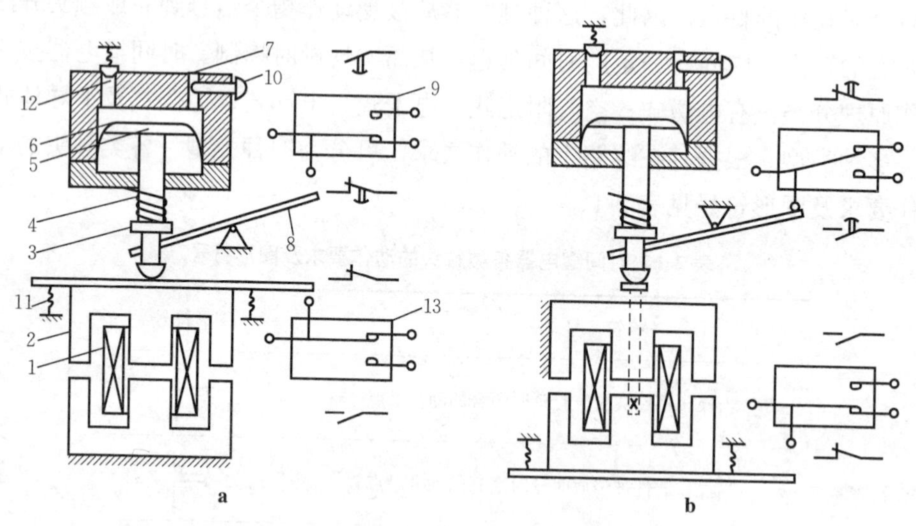

图 2-25　空气阻尼式时间继电器

a. 通电延时　b. 断电延时

1. 电磁线圈　2. 衔铁　3. 活塞杆　4. 释放弹簧　5. 伞形活塞　6. 橡胶膜　7. 进气孔　8. 杠杆　9、13. 微动开关　10. 螺钉　11. 释放弹簧　12. 放气阀

5. 电磁制动器

电动机的机械制动是采用电磁制动器来实现的，常见的有圆盘式和抱闸式两种。

(1) 圆盘式电磁制动器　如图 2-26a 所示，当电动机运转时，电磁刹车线圈通电产生吸力，将静摩擦片（即电磁铁的衔铁）吸住，而与动摩擦片脱开，使电动机可自由旋转。停车时，刹车线圈失电，静摩擦片被反作用弹簧紧压到安装在电动机轴上的动摩擦片上，产生摩擦力矩，迫使电动机停转，如图 2-26b 所示。

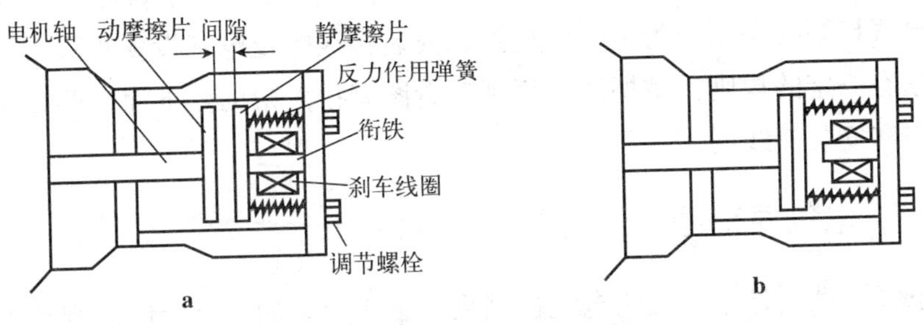

图 2-26　圆盘式电磁制动器

a. 松闸时　b. 制动时

(2) 抱闸式电磁制动器　抱闸式电磁制动器又叫电磁抱闸，其制动原理与圆盘式电磁制动器相仿。它由制动电磁铁和制动闸瓦制成。当制动电磁铁线圈通电时，产生吸力，使抱闸闸瓦松开，电动机便能自由转动；当线圈断电时，闸瓦在弹簧力作用下，将电动机闸轮刹住，使电动机迅速停转。

二、继电器、接触器、电磁制动器的参数整定

1. 继电器、接触器的主要技术参数

(1) 线圈额定电压　接触器吸合线圈的额定工作电压。

(2) 额定电流　触头的额定工作电流。

(3) 动作值　继电器、接触器吸合线圈电压和释放电压。一般规定继电器、接触器在线圈额定电压 85%及以上时，应可靠吸合。释放电压不高于线圈额定电压的 70%。

2. 电磁制动器的参数整定

调整制动器外壳上的螺栓，可改变反作用弹簧制动力矩，但必须注意所有螺栓要均匀调节，否则会造成摩擦片歪斜、气隙不均匀，出现噪声和振动。

圆盘式电磁制动器工作时静、动摩擦片之间的间隙通常为 2～6 mm。间隙过小，容易造成松闸时静、动摩擦片之间的擦碰；间隙过大，则在制动时产生较大机械碰撞。

第六节　电气控制线路图

电气控制线路图是描述电气控制原理的线路图，它便于分析电路和实施维修。控制线路的绘制及电机、电气元件的图示符号，各国都有自己统一的标准。我国自 1990 年起实施新制定的电气系统图形和文字符号。按其作用可将电气控制线路图分为电气原理图、安装接线图及电气设备布置图。各种图绘制有一定的规则，掌握这些规则对看图有很大帮助，下面主要介绍电气原理图和安装接线图。

一、电气原理图

电气原理图是用来说明电气控制系统工作原理的，其绘制原则是为了便于阅读及了解电气动作原理，通常按以下原则进行绘制。

① 通常把主电路与辅助电路分开来画，并分别以粗实线与细实线表示。一般主电路画在图的上端或左边，而辅助电路画在图的下端或右边。

② 辅助电路（包括控制、信号及监视电路）中的电源线垂直画在两旁或两条平行线紧靠主电路，各分支电路一般按控制电器的动作顺序由上到下平行绘制或自左到右平行绘制，不同作用的电路也可以分别集中画在一起（如各种信号电路）。

③ 各种元件及其部件在线路的位置是根据便于阅读的原则来安排的，因此同一元件的各个部件往往不是画在一起，如接触器的线圈和触点是分开画在各处的。

④ 所有图形符号及文字符号必须按规定的标准画出，所有电气触点按“平常”状态画出（即电气线圈不通电或动作机构没有受外力作用时的状态）。

⑤ 每个电器都必须标有能表明该电器作用的文字符号，如 KM-接触器、KA-继电器等。如果在一个线路中，有些电器的类型和作用相同，则这些电器应该使用统一文字符号，但是要在文字符号前加注次序号，如 1KM、2KM 等。同一电器的线圈和触点要用相同的文字符号，例如某接触器的线圈用 1KM 表示，其主、副触也必须用 1KM 表示。

⑥ 两根以上导线的电气连接处画一个实心圆点表示连接。

⑦ 为了阅读方便并在安装、调整、检修时易于找到有关元件及部件，对各元件的接线端及导线加注有编号。

⑧ 对于主令控制器操纵的线路，为了读图方便，图中应附有主令控制器的触点闭合表或标注其触点闭合的符号。

二、安装接线图

安装接线图简称接线图，是安装和维修电气设备必不可少的图纸。安装接线图应包括控制线路的所有电气部件，在绘制中按如下原则画出。

① 在图中应表示出各电器的实际位置，同一电器的各元件要画在一起。

② 要表示出各电机、电器之间的电气连接，凡是导线走向相同的可以合并画成单线。

③ 图中各元件的图形和文字符号应与原理图一致。

④ 图中应标明导线的型号及规格。

⑤ 图中应标明接线柱的标号。

第七节　电动机基本控制线路

一、电动机的点动控制和连续运行控制

1. 电动机的点动控制

点动控制的特点在于设备的启动、运行和停止都必须在操作人员的直接参与下完成。图 2-27 是电动机单向点动控制原理电路图。按下按钮 SB_1，接触器 KM 线圈通电，其常开主触点闭合，电动机按规定的转向通电启动并运行。在运行过程中，操作人员要一直保持按钮在接通状态。当松开按钮 SB_1 后，KM 的线圈失电衔铁释放，其常开主触点断开，电

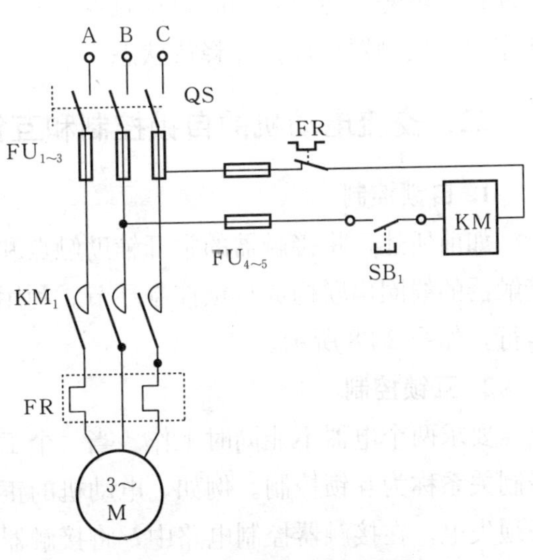

图 2-27　电动机点动控制原理

动机断电停转。船上盘车机设有这种控制方式使电动机的启动、停止灵活自如。

2. 电动机的连续控制

连续运行控制的特点在于设备的启动和停止需要操作人员参与，但启动后的连续运行则由控制电器来保持。图 2-28 是电动机启动后保持连续运行的控制电路。该控制电路的主要特点：一是采用了自锁控制环节，接触器 KM 线圈通电后，一方面其主触点 KM_1 闭合接通电动机的电源，使电动机启动；另一方面其自锁触点 KM_2 闭合，当启动按钮 SB_1 断开后通过自锁触点 KM_2 保证接触器 KM 线圈继续通电，使电机连续运转。二是停止按钮 SB_2 的常闭触点串联在接触器线圈回路或自锁触点支路中，当按下停止按钮 SB_2 后切断接触器 KM 线圈电源，使接触器释放，电动机断电停止运行，同时自锁触点断开，保证在 SB_2 的常闭触点恢复闭合状态后，接触器仍保持在释放状态。

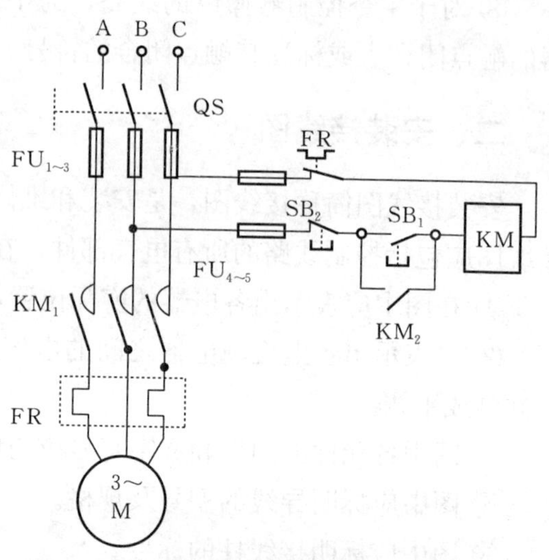

图 2-28　三相异步电动机连续运行控制电路

二、交流电动机的自锁控制和互锁控制

1. 自锁控制

如前所述，将接触器的常开辅助触点和启动按钮的常开触点并联后再和接触器的线圈串联构成自锁控制环节。利用自锁控制环节可实现启动后连续运行，如图 2-28 所示。

2. 互锁控制

要求两个电器不能同时工作。当一个工作时，另一个必须不工作，这种控制关系称为互锁控制。例如，电动机的正向接触器通电时，其反向接触器必须失电。在接触器控制电路中，将接触器的辅助常闭触点串联到对方的线圈回路中，即可构成电气互锁控制环节。如图 2-29 所示，若接触器 1KM 通

电，则其串联在 2KM 线圈回路中的常闭触点 1KM 必定断开，确保 2KM 线圈断电；如果接触器 2KM 通电，则串联在 1KM 线圈电路中的常闭触点 2KM 必定断开，确保 1KM 线圈断电。此外，如图 2-30 所示，将正向启动按钮 1SB 和反向启动按钮 2SB 各自的常闭触点和对方的常开触点相互串联，亦可构成按钮机械互锁环节。该控制电路具有电气互锁和机械互锁双重互锁功能。

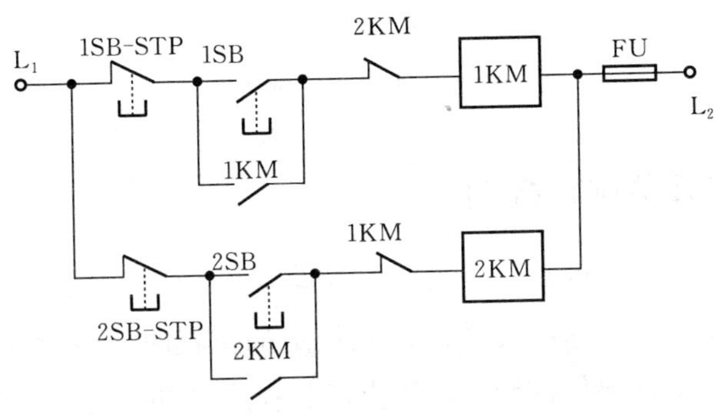

图 2-29　互锁控制环节

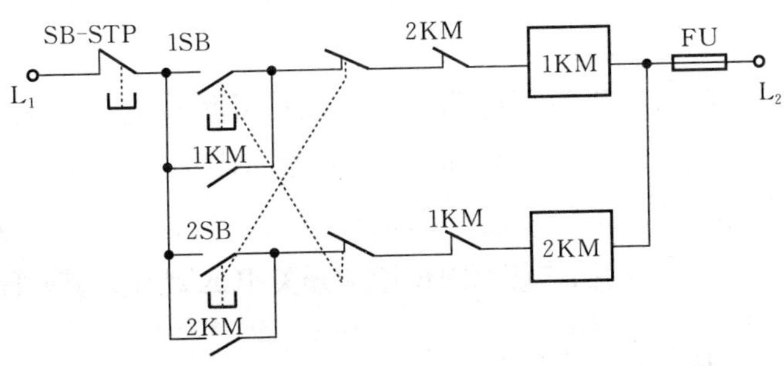

图 2-30　双重互锁环节

三、多地点控制

船舶机舱中的许多设备，如滑油泵、海水泵等，往往要求既能在机旁控制，又能在集中控制室等多个地点进行启、停控制。采用多地点控制可以满足这种控制要求。

如图 2-31 所示，将两个（或以上）启动按钮的常开触点并联后再和两个（或以上）停止按钮的常闭触点串联接入接触器线圈电路中即可构成两（多）地点控制环节。

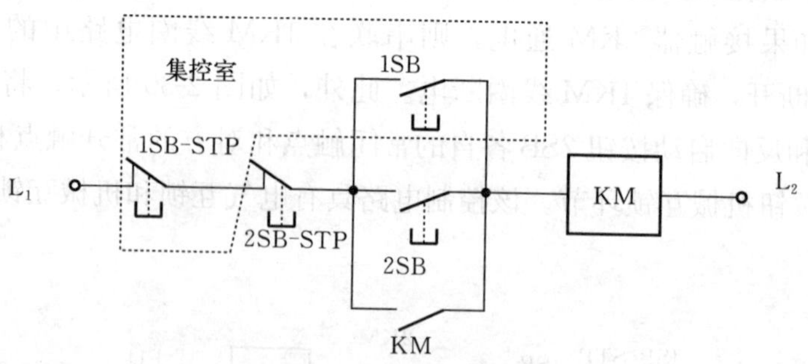

图 2-31　两地点控制环节

四、行程开关限位控制

船舶舵机、起货机的吊钩、吊艇机等设备运行时，其运动部件应限制在一定的范围内运动。当这些部件运动到规定的位置时，应能自动停止运行，以免造成损坏。实现限位控制的常用方法是在运动部件达到的极限位置上设置行程开关。当运动部件运动到达此位置时，安装在运动部件上的挡块撞击行程开关的滚轮，使行程开关的常闭触点断开，切断控制电路，使运动部件停止运动。

图 2-32 是升降机控制原理电路，下面以提升货物过程为例说明其工作原理。按下提升启动按钮 1SB，提升接触器 1KM 线圈获电，其主触点 $1KM_1$ 闭合使电动机正向启动运行以提升货物。当起落架上升到规定位置时，随起落架一起上升的挡块使上限位微动开关 1CK 动作，其常闭触点断开，

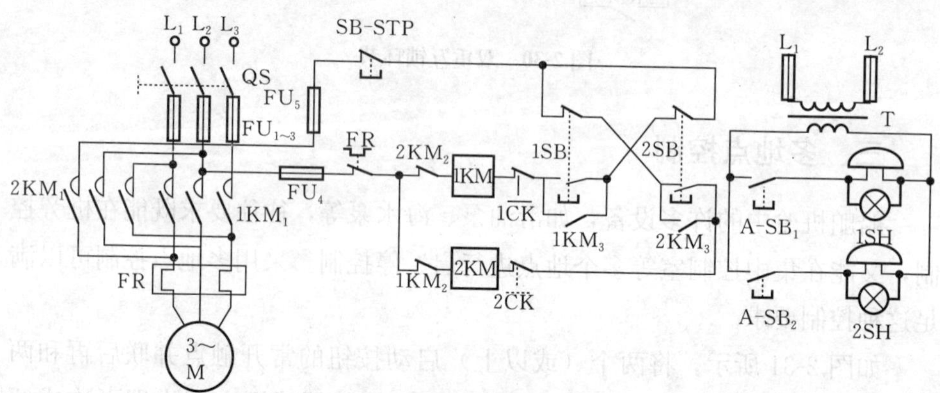

图 2-32　升降机控制电路

接触器 1KM 线圈断电，主触点断开使电机停止运行，起落架停在上限位置。在这种情况下，由于 1CK 已断开，即使按下提升启动按钮 1SB，接触器 1KM 也不能获电吸合。只有当按下下降启动按钮 2SB，才能使接触器 2KM 获电动作，电动机反向启动下降货物。图中右面的电路用于上下联络。

五、主令控制及零位保护

主令控制器是一种多位置、多回路的控制开关电器，应用于频繁操作并要求有多种控制状态的场合，如起货机、锚机及绞缆机等。通常由触点装置和带有凸轮的轴组成。凸轮位置随手柄工作位置而变动，触点的开闭次序由凸轮形状决定。手柄在不同位置时，凸轮位置随之改变，从而使相应的触点闭合或断开。

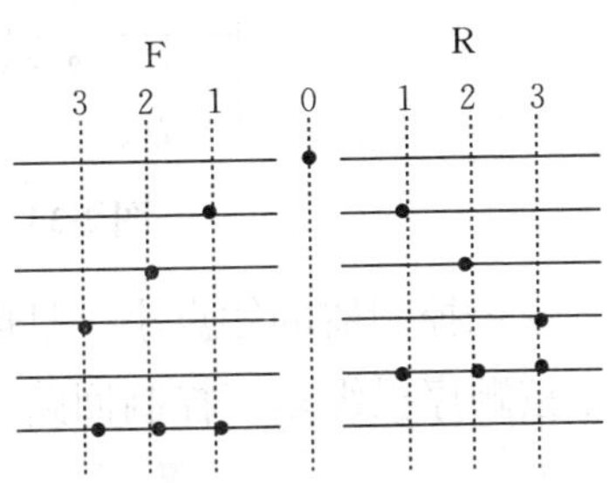

图 2-33　主令控制器

主令控制器由于触点较多，通常用触点闭合表或图形符号表示其触点的闭合状态，如图 2-33 及表 2-2 所示。

表 2-2　主令控制器触点闭合表

	F				R		
	3	2	1	0	1	2	3
SA_1				×			
SA_2			×		×		
SA_3		×				×	
SA_4	×						×
SA_5					×	×	×
SA_6	×	×	×				

主令控制器除具有控制电路动作外，还可以和继电器配合起到零压保护功能。图 2-34 为具有零压保护的起货机部分控制线路。控制手柄在零位时，SA_1 接通，零压继电器 KA 线圈有电，常开触点 KA_1 闭合进行自锁。起货机工作时（如起货），主令手柄离开零位，SA_1 断开，SA_2 接通，接触器 KM_1 线圈通电（电动机正转），其常闭辅助触点 KM_1 断开接触器 KM_2 线圈支路，实现互锁。工作中若出现电源电压消失或大幅度下降，KA 衔铁释放，触点 KA_1 断开，切断控制电路（系统停止工作）。当电源恢复时，尽管 SA_2 接通，但由

于 KA_1 断开使控制电路断电，起货机不能工作。只有将主令手柄扳回到零位后，使 KA 线圈有电触点闭合，才能再次使起货机工作，实现了零压保护。

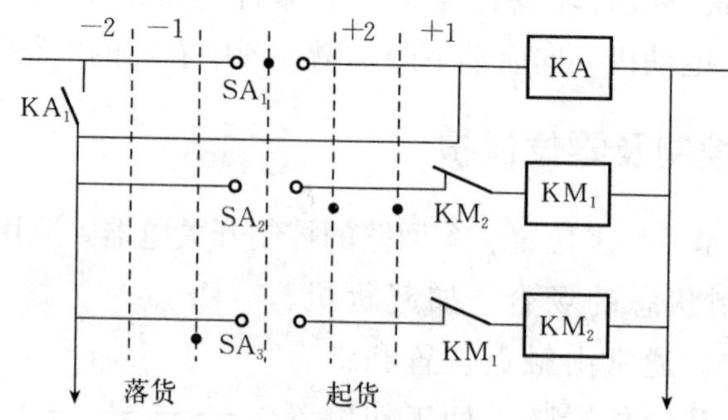

图 2-34　起货机零压保护及互锁线

主令控制器的触点小，且电流小，但操作轻便，允许操作频率较高，适应于按顺序操纵多个控制回路。

六、顺序控制

某一电器必须在另一电器运行后才能启动，这一控制关系称为顺序控制。例如，在锅炉自动控制系统中，必须在风机正常运行一定时间后才能喷油点火；车床的主轴电动机必须在滑油泵正常运行后才能启动等。图 2-35 是具有顺序控制关系的两台电动机的控制电路，其中图 2-35a 是主电路，要求只有在电动机 1M 正常运行后 2M 才能启动。图 2-35b 和图 2-35c 是实现这一控制的两种顺序控制方式。

图 2-35b 中，利用接触器 1KM 的辅助常开触点来实现对 2KM 的顺序控制。操作时，应首先按下电动机 1M 的启动按钮 1SB，使接触器 1KM 获电，其主触点闭合，电动机 1M 通电启动并运行，1KM 的常开辅助触点闭合自锁，才能使接触器 2KM 线圈通电成为可能。如果 1KM 失电，其自锁触点断开，接触器 2KM 会立即断电，1M 和 2M 同时停止运行。

图 2-35c 中，将 1KM 的另一常开辅助触点和 2KM 的线圈串联，同样可以实现顺序控制功能。

还有一种顺序控制电路如图 2-36 所示，它能实现只有在 1KM 通电后 2KM 才能通电；同时，只有在 2KM 断电后，1KM 才能断电的连锁控制功能。图中，1KM 的一个辅助常开触点 $1KM_1$，为自锁触点，保证按下 1SB 后 1KM 线圈通电，另一个辅助常开触点 $1KM_2$ 和 2KM 的线圈串联，保证

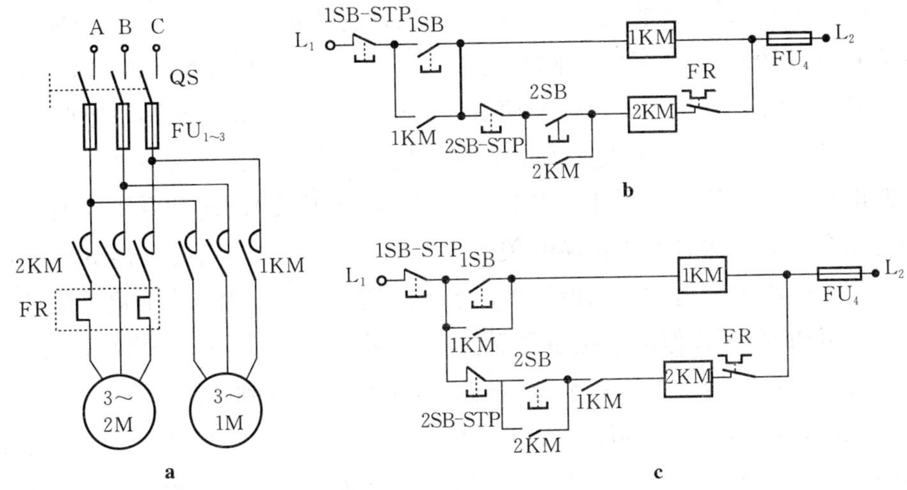

图 2-35　顺序控制环节

a. 主电路　b. 控制电路 1　c. 控制电路 2

2KM 只有在 1KM 动作后才能通电，实现了前一功能。

另外，2KM 的辅助常开触点 $2KM_1$ 是 2KM 的自锁触点，另一个辅助常开触点 $2KM_2$ 和 1KM 的停止按钮 1SB-STP 并联，只要 2KM 不断电（$2KM_2$ 仍闭合），就不可能使 1KM 断电。

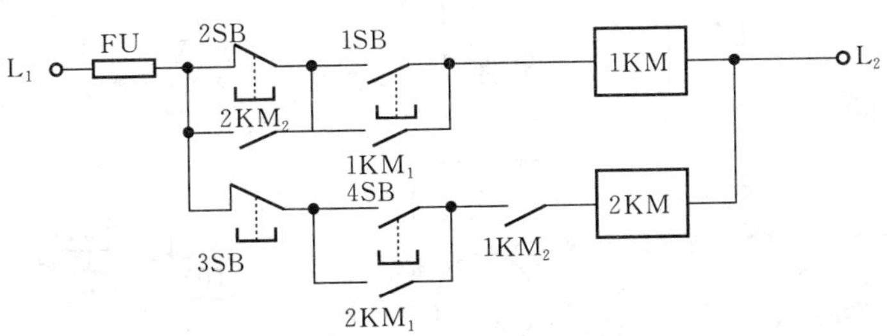

图 2-36　另一种顺序控制电路

七、双位控制

船舶机舱中的许多设备，如压力水柜的水位（压力）、空气瓶内的空气压力、锅炉的蒸汽压力、锅炉水位等，并不需要严格地维持在某一恒定值上，通常只要求这些量值保持在某一高限值和低限值之间则可。采用双位控制可满足上述控制要求。

下面以压力水柜中的水位控制为例说明双位控制系统的工作原理。图 2-37a 是压力水柜的示意图。密封的水柜上部是空气，当用给水泵向水柜加水时，其上部的空气被压缩，压力随之升高，当水位升高到高限水位 H 时，内部气压为高限压力 PH，这时应使给水泵停止运行；同样，当水位下降到低限水位 L 时，对应于低限压力 PL，这时应使给水泵开始工作，再次向水柜中加水。

图 2-37b 是用压力继电器作为检测比较和控制元件的压力水柜液位双位控制电路。当水位下降到低水位 L 以下时，高压开关 KPH 和低压开关 KPL 均在闭合状态，此时若将转换开关 S 放到自动 A 位置，则接触器 KM 获电并自锁，使给水泵运行向水柜加水，水柜液位上升，柜内压力升高，先使低压开关 KPL 断开，但由于接触器辅助点 KM_2 的自锁作用，接触器 KM 仍保持通电，水泵继续工作，水位上升，直到水位上升到高限值 H 时，高压开关 KPH 断开，接触器 KM 失电，水泵停止加水。此后当水位下降至正常值时，虽然高压开关 KPH 闭合，但因低压开关 KPL 和接触器 KM 的触点 KM_2 是断开的，接触器 KM 无法获电，水泵仍处于停机状态。直到水位再降至低限水位 L 时，低压开关 KPL 接通，水泵才能再次启动运行。为了防止水泵频繁起、停，高低水位之间的差值不能设得过小。

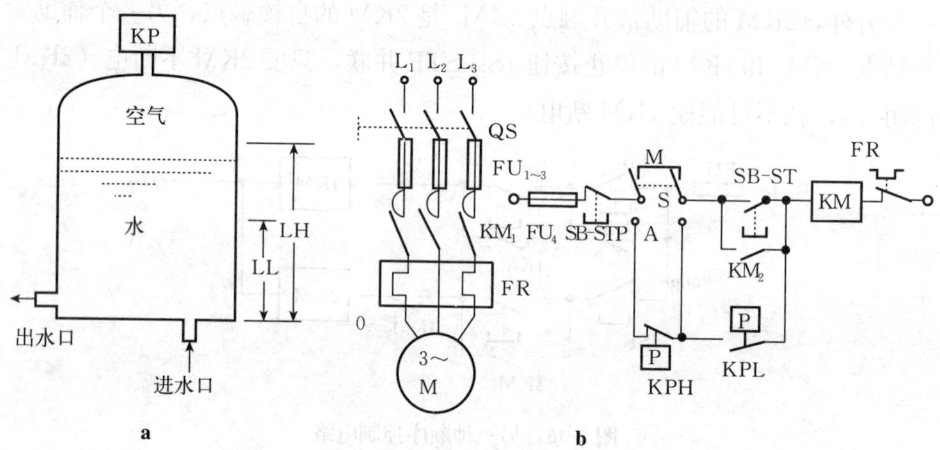

图 2-37 压力水柜液位双位控制

a. 压力水柜示意图 b. 压力水柜液位双位控制电路

第八节 电动机典型控制电路

一、三相交流异步电动机的转向控制

船舶上的许多机械设备，如锚机、绞缆机及起货机等都要求既能正转，又能反转。根据三相异步电动机的转向是由定子三相绕组上所加三相交流电

源的相序决定的。将三相电源的任意两根相线对换，便可改变其相序从而实现三相异步电动机的正反转控制（或称为可逆控制）。图 2-38 是用按钮和接触器控制的三相异步电动机可逆控制电路。

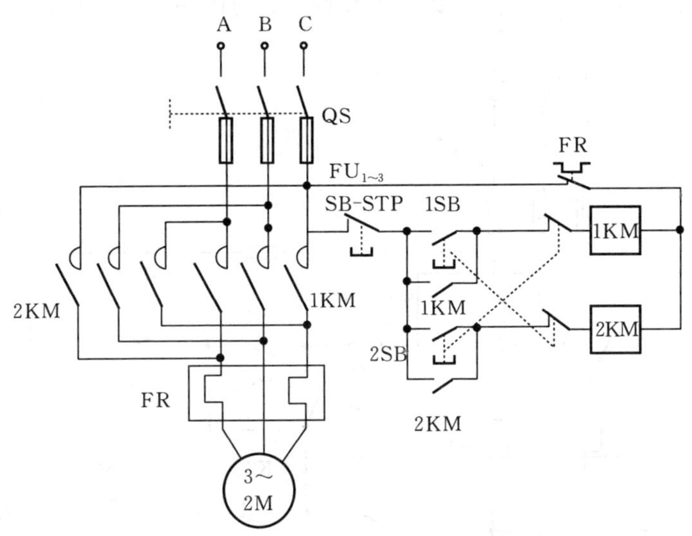

图 2-38　异步电动机正反转控制电路

按下正向启动按钮 1SB，正转接触器 1KM 线圈通电，正转接触器 1KM 的常开主触点 1KM 闭合将三相异步电动机的三相定子绕组按 A-B-C 相序通电，电动机正向启动运行；当按下停止按钮 SB-STP，1KM 失电，电动机停转；当按下反向启动按钮 2SB 时，反转接触器 2KM 线圈通电，反转接触器 2KM 的常开主触点 2KM 闭合将电动机的三相定子绕组按 C-B-A 相序通电，电动机反向启动运行。注意，该电路在换向时如果直接按下反转启动按钮，将会出现反接制动过程（后述），制动期间定子电流很大，因而只能用于控制容量较小的电动机。

二、三相交流异步电动机的星——三角降压启动电路

大型电动机直接启动由于电流较大需采用降压启动，图 2-39 是由时间继电器控制的鼠笼式三相异步电动机星——三角启动控制电路图。其启动过程如下：

按下启动按钮 SB-ST，接触器 1KM 线圈通电并自锁，同时接触器 3KM 和时间继电器 KT 线圈通电，1KM 的主触点 $1KM_1$ 和 3KM 的主触点 $3KM_1$

将定子三相绕组接成星形，电动机启动运转，经一定时间后，电动机的转速已达一定值，时间继电器 KT 的常闭延开触点 KT_2 断开，接触器 3KM 线圈断电；KT 的常开延闭触点 KT_1 闭合，接触器 2KM 线圈通电并自锁，其主触点 2KM 闭合，将三相绕组接成三角形，电动机接成三角形正常运行。

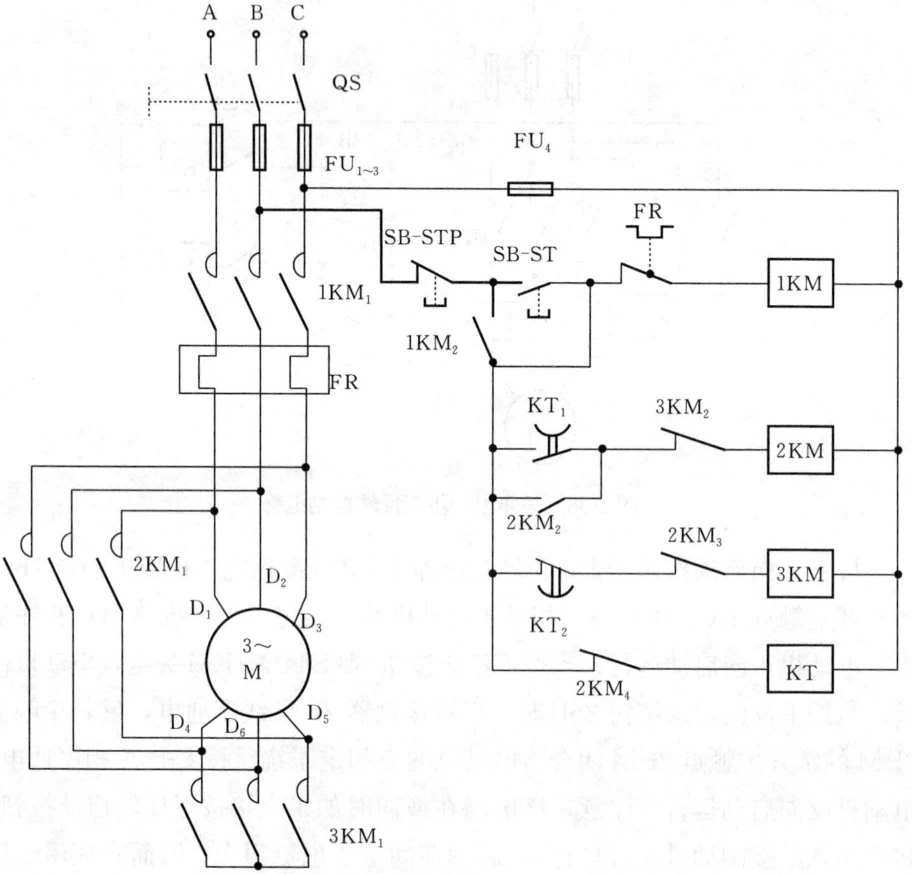

图 2-39　异步电动机 Y-△启动控制电路

三、船舶机舱泵自动切换控制电路

为主、副机服务的燃油泵、滑油泵、冷却水泵等主要的电动辅机，为了工作可靠均设置两套机组。该机组不仅能在机旁控制，也能在集控室进行遥控；而且在运行泵出现故障时能实现备用泵自动投入工作。原运行泵停止运行并发出声光报警信号，以保证主、副机正常工作。图 2-40 为泵自动切换主回路，图 2-41 为泵的控制线路。

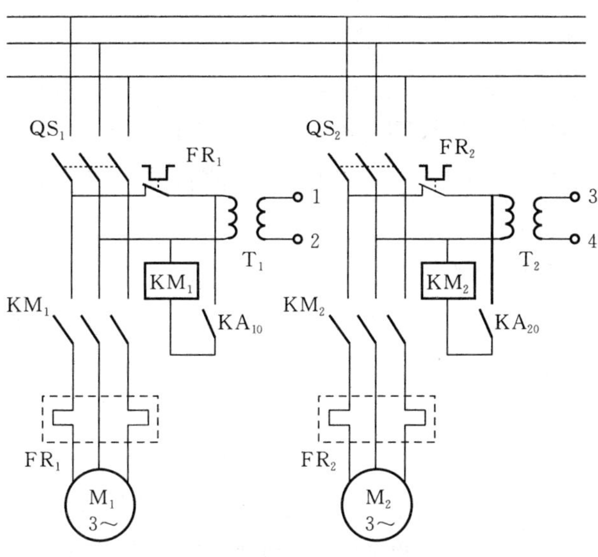

图 2-40　泵自动切换主回路

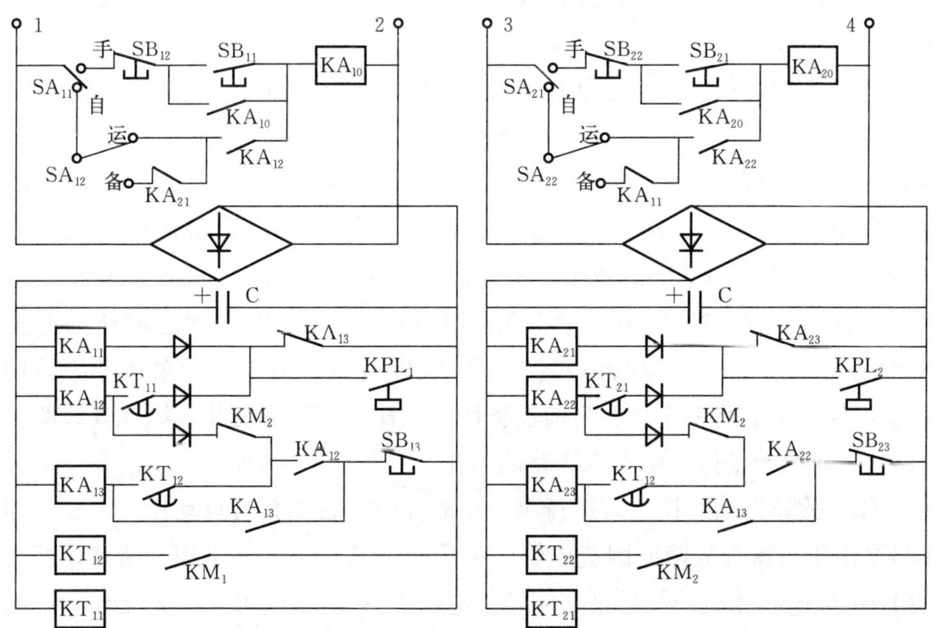

图 2-41　泵自动切换控制回路

1. 泵的遥控手动控制

将电源开关 QS_1、QS_2 合闸，手动一自动选择开关 SA_{11}、SA_{21} 置于手动

（遥控）位置。对于1号泵，按下启动按钮SB_{11}，则继电器KA_{10}线圈通电，接触器KM_1线圈回路KA_{10}触点闭合，1号泵电动机通电启动并运行，同时KA_{10}触点闭合自锁。在1号泵正常运行时，若按下停止按钮SB_{12}，则KA_{10}线圈断电，使接触器KM_1线圈失电，1号泵停止运行。

2号泵的手动控制与1号泵相同，并且两台泵可以同时手动起停控制，实现双机运行。

2. 泵的自动控制过程

以1号泵为运行泵，2号泵为备用泵为例，其自动控制过程如下：

（1）准备状态（即两台泵都处于备用状态）　将电源开关QS_1、QS_2合闸，遥控一自动选择开关SA_{11}、SA_{21}置于自动位置。组合开关SA_{12}、SA_{22}置于备用位置，各主要电气设备工作情况分析如下：

对1号泵，KA_{11}有电，使2号泵控制线路的KA_{11}断开；KT_{11}得电，经延时后闭合，使KA_{12}有电，两个触点同时闭合，使电路处于准备状态。

对2号泵，同样KA_{21}有电，使1号泵控制线路的KA_{21}断开；KT_{21}得电，经延时后闭合，使KA_{22}有电，两个触点同时闭合，使电路处于准备状态。

（2）正常运行　若1号泵为运行泵，2号泵为备用泵，则应将SA_{12}置于运行位置，SA_{22}置于备用位置。对于1号泵有：交流电源经1、SA_{11}、SA_{12}、KA_{12}、线圈KA_{10}得电，其主电路中触点KA_{10}闭合；使接触器KM_1线圈得电，主触点闭合，1号泵电动机启动并运转，管路建立压力，使KPL_1闭合；同时KM_1辅助触点闭合，使直流控制线路线圈KT_{12}得电；触点延时闭合，线圈KA_{13}得电；KA_{13}常闭触点断开，但在此之前压力开关KPL_1已经闭合，从而保持KA_{11}、KA_{12}线圈有电。由于2号泵仍处于备用状态，其控制电路工作状态与前述备用时相比没有发生变化，因此其线路上的KM_1辅助触点打开不影响线路的工作。

（3）故障自动切换　若运行泵产生故障时，备用泵可自动投入工作。如1号泵由于机械等故障原因造成管路失压时，其压力开关KPL_1断开，使线圈KA_{11}失电；相应的2号泵交流控制电路中KA_{11}触点闭合，交流电源经3、SA_{21}、SA_{22}、KA_{22}、线圈KA_{20}得电，接触器KM_2线圈得电，主触点闭合，2号泵电动机启动投入运行，使管路建立压力KPL_2闭合；KM_2辅助触点头闭合，使直流控制线路线圈KT_{22}得电；触点延时闭合，线圈KA_{23}得电；KA_{23}常闭触点断开，但在此之前压力开关KPL_2已经闭合，从而保持KA_{21}、

KA_{22}线圈有电。同时1号泵直流控制电路中KM_2触点断开，使线圈KA_{12}失电，交流控制电路上触点KA_{12}断开；继电器线圈KA_{10}失电，其主电路线圈KM_1失电，主触点断开，1号泵停止运转，并发出声、光报警（报警电路另外设置）。

四、电动机的制动控制线路

制动目的在于使电动机转子尽快停止转动。制动的方法可分为机械制动和电气制动两大类。电气制动又可分为反接制动、能耗制动、机械制动三种。但是不管采用哪种制动方式，都是产生和电动机转动方向相反的转矩以迫使电动机尽快停转。

1. 反接制动

电动机断电后，由于其转子的惯性作用，仍要按原方向继续转动，这时如果给电动机接上相序相反的电源，则电动机就会产生和原运行转矩相反的制动力矩，使电动机很快停止转动。这时，要及时切断制动电源，以免电动机又反向启动。

图2-42是单向运行的异步电动机反接制动控制电路图。按下启动按钮SB-ST，接触器KM-R吸合，电动机启动并运行，同时带动速度继电器KS一起转动，当电动机的转速达到120 r/min以上时，速度断电器的常开触点KS闭合，接通中间继电器KA线圈的电源，KA的触点KA_1闭合自锁；同时KA_2闭合，但因接触器KM-R获电，KM-R_3已断开，KM-B不能通电，仅为反接制动准备了条件。当要停车时，按下停止按钮SB-STP，接触器KM-R断电释放，切断电动机的电源，同时其常闭触点KM-R_3闭合，由于电动机的转速仍较高，KS的触点仍为闭合状态，中间继电器KA仍通电吸合，触点KA_2接通反接制动接触器KM-B的电源，使电动机的定子磁场因电源的相序改变而反向旋转，产生制动力矩，迫使电动机转子的转速降低，当其转速降至120 r/min以下时，速度继电器KS的触点断开，中间继电器KA失电释放，其常开触点KA_2断开，使制动接触器KM-B失电，切断反接制动电源，靠机械刹车将电动机停止。这一反接制动过程需1～3 s。

对于功率为2～3 kW启动和制动操作不十分频繁的电机宜采用反接制动。为了限制制动电流，对于功率较大电动机，在进行反接制动时，必须在定子电路（鼠笼式）或转子电路（绕线式）串联电阻。

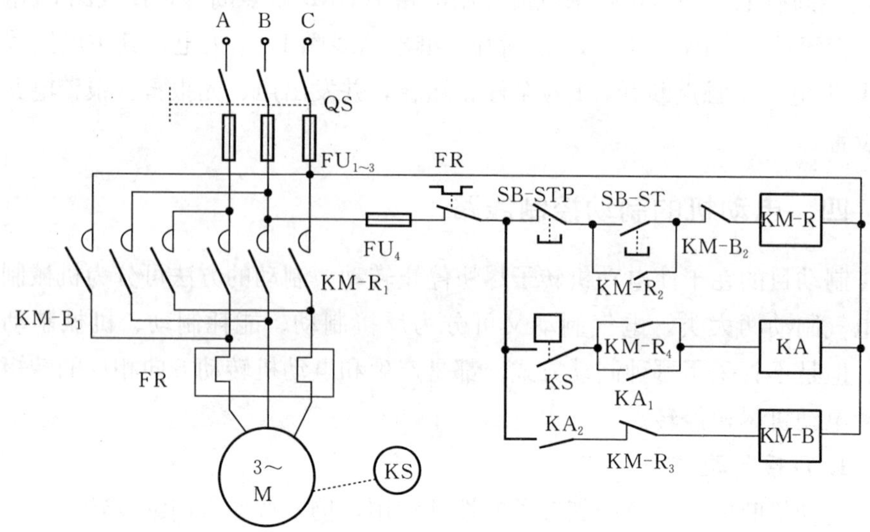

图 2-42　单向运行反接制动控制电路

2. 能耗制动

原理：在电动机的定子绕组断电后，立即在其任意两相绕组上加上一直流电源，于是在定子绕组中产生一个静止的磁场，转子在这个磁场中旋转产生感应电动势，转子电流与固定磁场所产生的转矩和电动机的原来方向相反，产生制动作用，使电动机很快停止转动。

图 2-43 为能耗制动控制电路图，当电机启动运行时，接触器 KM-R 通电并自锁，其辅助常闭触点 $KM\text{-}R_3$ 断开，制动接触器 KM-B 不能通电。要停车时，按下停车按钮 SB-STP，一方面 KM-R 失电切断电动机的交流电源，另一方面 $KM\text{-}R_3$ 闭合，制动接触器 KM-B 通电，其触点闭合给电机的两相绕组加上一直流电源，进行能耗制动，此期间，时间继电器 KT 通电，经一定时间后，KT 的常开触点断开，使制动接触器 KM-B 断电，完成制动过程。

直流电源由单相桥式整流电路提供，电阻 R 用于调节电流的大小从而改变制动强度。通常直流电流为电动机的额定电流的 0.5～1.0 倍。

3. 机械制动

机械制动是指在切断电动机电源后，用机械方法产生一个与电动转子转动方向相反的制动力矩使电动机的转子尽快停下来。通常用制动电磁铁来控制。

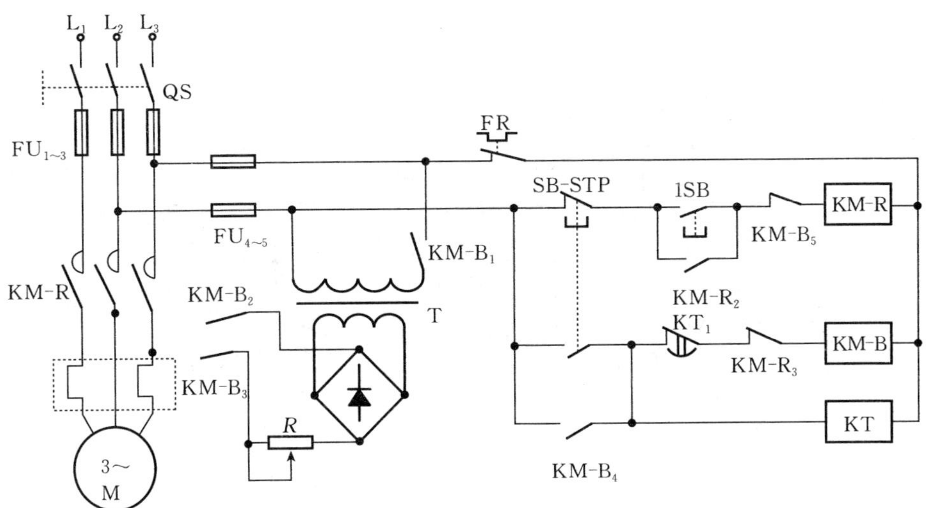

图 2-43　异步电动机能耗制动

图 2-44 和图 2-45 是两种用电磁铁控制的机械制动控制电路。从图 2-44 可见，在电动机运行期间，制动电磁铁的线圈 BRK 是通电的，它所产生的电磁吸力克服复位弹簧的弹力，把闸松开，电动机正常运行；而当电动机断电时，电磁铁线圈断电，靠复位弹簧的作用使闸刹紧而制动。在船舶起货机上常采用这种控制方式，当吊起货物过程中突然停电时实现机械制动，防止货物落下造成事故。

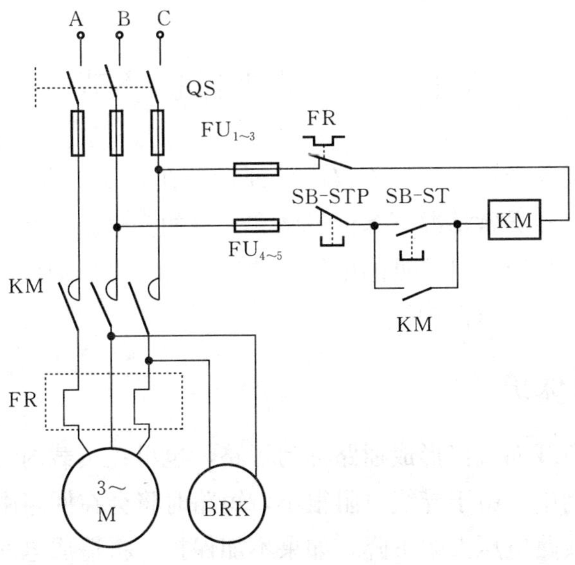

图 2-44　断电时机械制动

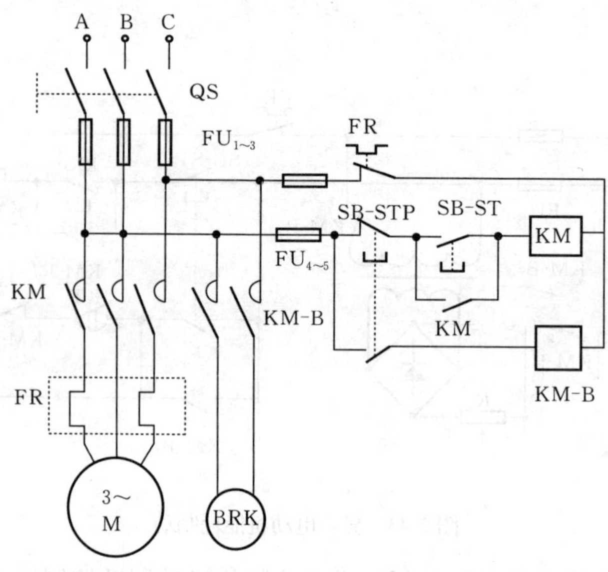

图 2-45　通电时机械制动

图 2-45 不同，在电动机运行期间，制动电磁铁 BRK 并不通电，刹车松开，而当按下停车按钮 SB-STP 时，一方面按钮的常闭触点断开，接触器 KM 线圈断电，使电动机停止运行。与此同时，按钮的常开触点闭合，使制动接触器 KM-B 通电吸合，于是制动电磁铁 BRK 获电进行刹车。当按钮松开制动电磁铁失电，刹车又松开。

第九节　电动机保护环节

在电力拖动系统设计时，不仅应保证设备在正常工作条件下安全运行，而且还应考虑到在异常情况下保证设备和人身的安全。为此，必须在系统中设置必要的保护环节。最常见的电气保护环节有短路保护、过载保护、欠压保护和失压保护、零压保护等。

一、短路保护

电流不经负载而直接形成通路称为短路，也可在负载内线圈匝间形成短路。在船舶电网中，由于导线电阻很小，短路时将会在回路中产生很大的短路电流，并使线路电压大幅下降，如果不加保护，将造成电网中的电器设备不能正常工作，严重的短路故障会使发电机过载而烧毁，甚至引起火灾。短

路保护就是在发生短路时能及时地把短路电路与电源隔开，从而保证电网中其余部分正常工作。

常用的短路保护措施有：在电路中装设自动空气断路器（又称自动空气开关）、自恢复保险丝、熔断器（俗称保险丝）等。

二、过载保护

对于大多数电气设备，当电流短时间超过其额定值，即当过载时，并不一定会立即损坏，但长时间的或严重的过载会减少其寿命或损坏，因而是不能允许的。故在电路中要装设过载保护。

过载保护的原理是：当被保护电器出现长时间过载或超强度过载时，利用过载时出现的热效应、电磁效应等使过载保护电器动作，使被保护设备脱离电源。

可用于过载保护的电器有多种，常用过载继电器来实现过载保护。热继电器和过电流继电器是两种最常用的过载继电器。自动空气开关也具有过载保护功能。

热继电器是利用过载时的热效应来使保护电器动作以实现保护的。过电流继电器则是利用电磁效应使保护电器动作来实现过载保护的。

电力拖动系统中广泛采用热继电器来对电动机进行过载保护。图 2-46 所示的鼠笼式三相异步电动机控制电路中，FR 为热继电器，对电动机起过载保护作用。它有两个发热元件，分别串入电动机定子绕组电路的两相中，而其常闭触点串联于控制电路的接触器 KM 线圈电路中。当电动机过载时，过载电流使发热元件温度升高，经过一定时间后，热继电器动作，其常闭触点断开，使接触器 KM 线圈断电，KM 的主触点断开，于是电动机电源被切断而得到保护。

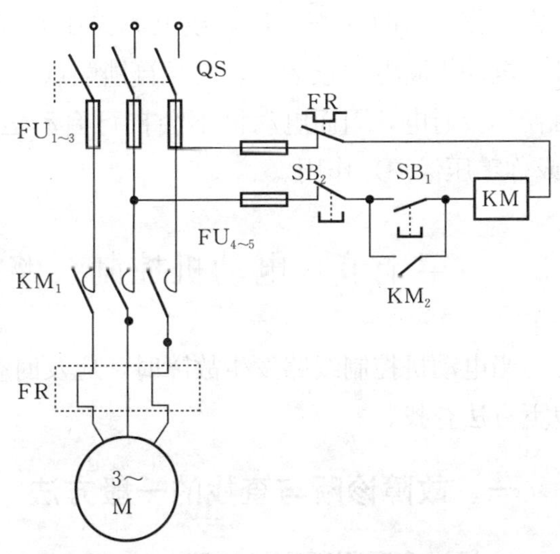

图 2-46　鼠笼式三相异步电动机控制电路

在电动机定子的两相电路中分别串入发热元件的原

因是，除了在电源正常时能对电动机进行过载保护外，当电动机出现单相运行时，也能起保护作用。

热继电器动作后，其触点不能立即复位，必须等到双金属片冷却后，按下复位按钮使杠杆机构重新锁定后，热继电器才恢复到动作前的状态（常闭触点闭合）。

三、失压保护和欠压保护

在电动机正常工作时，如果电源电压消失，电动机将会因失压而停止运行。在一般情况下，这不会对电动机造成损害。但如果电源电压又突然恢复正常时，将会出现两个方面的问题：一是在操作或维修人员毫无准备的情况下如果电动机启动运转，很可能造成人身事故和设备损坏；二是对于电网来说，如果许多电机同时启动（称自启动），则由于它们的启动电流远大于正常运行时的额定电流而出现不允许的过电流和线路电压降，使电气设备不能正常运行。失压保护的目的正是为防止出现上述两方面问题而设置的保护。

当电动机运行时，如果电源电压下降（欠压），电动机的转矩便会降低、转速下降而影响电动机的正常运行，严重时，还会因绕组过热而损坏电动机。

图 2-46 为鼠笼式三相异步电动机控制电路，这种控制电路有欠压和失压保护功能。因为当电源电压降低到小于接触器 KM 的释放电压（一般为正常工作电压的 85%）时，或电源失压时接触器动铁芯释放，其主触点断开，电动机断电中止运行。同时自锁触点已断开，在再次按下启动按钮前接触器不会通电，因而电动机不会自行启动运行，起到欠压保护和失压保护（或称零压保护）作用。

第十节　电动机控制线路故障查找与维护

当电动机控制线路发生故障时，应及时查出原因加以排除，通常可采用以下方法查找。

一、故障诊断与查找的一般方法

1. 通过直观判断查找故障

(1) 看　看现象、看仪表、看状态。看现象，主要是通过看设备有无火

花、有无线头脱落、熔断器的记号是否脱落、热继电器是否跳开、应动的器件是否动作等来判断故障。当电气设备出现短路、接地、接触不良等情况时往往会有火花产生，而产生火花的地方就是故障点。看仪表，很多设备都带有电流表或其他仪表，通过这些仪表就能发现故障。如电机过载时，电流表的指示值肯定大。看状态，看设备的运行情况和平时是否一样，如果不一样，查找原因往往就能找到故障。

(2) 听　根据听到的设备运行的声音来判断故障。如电机轴承损坏或定转子相擦时会有异样的声音产生，接触器铁芯太脏或短路环断裂会有较大的噪声，接触器被卡住通电时会有“嗡嗡”声而不能吸合等。通过听声音就可以大致判断出故障原因。

(3) 闻　有些设备在温度过高或烧坏时，会闻到一些特殊的气味，据此可以判断一些故障。

(4) 摸　手摸机壳，通过感受温度的高低来判断故障。例如，电机散热不良往往就是通过用手摸发现的。有些设备（如电磁阀）通电后温度会升高一些，如果温度没有升高，则说明它没有通电（实际应当通电），就是有故障。

(5) 问　有些设备往往在操作过程中发生故障，或者因为误操作或不知道线路做了改动而发生故障，自己不在现场，因而需要问明故障发生的原因、过程、现象等以此来帮助判断查找故障。尤其是自己不太熟悉的设备，向操作者了解设备的正常工作状况和特点对判断故障很有帮助。

2. 通过测量查出故障

当通过一些直观的办法不能找出故障的原因时，就要借助分析图纸，通过测量电压、电流、电阻、绝缘等办法查出故障，这是故障查找的主要方法。这里我们仅对电动机控制电路故障的测量方法进行介绍。

基本步骤和方法：根据设备的工作特点、故障现象，判断故障性质和可能存在的环节，确定查找的主要目标。譬如，根据熔断器是否烧断的现象，可以初步判断是否发生了短路故障，对于短路故障应该采用断电检查方式，针对主电路或控制电路的短路逐一排除。

分析电路图，根据需要采用适当的测量方法找出故障的具体部位，排除故障。

(1) 断路性质的故障　这类故障往往是在操作过程中发现的，主要表现为整个电路或某一部分某一支路不能正常工作。

① 整个电路不能工作。这类故障绝大部分发生在热继电器或熔断器上，查找步骤为：

a. 复位热继电器（如有），重新操作，如电路正常，则控制电路故障排除，分析热继电器跳开的原因并排除。

b. 复位热继电器，重新操作，如电路仍不正常，检查主电路和控制回路熔断器，如有损坏，则更换新的。重新操作，如电路正常，则故障排除。

c. 如电路仍不正常，则要根据电路图，从不正常的部分开始，利用测电压或测电阻的办法，查出故障器件加以排除。

② 部分电路不能工作。当整个电路只有一部分不能正常工作，就要根据图纸分析该部分工作需要满足的条件，先区分开主电路和控制电路的故障，然后按照自上到下对相应电路逐一检查。

(2) 短路性质的故障　主要表现为：通电后或操作后主电路或控制电路熔断丝烧断，换新后仍然烧断，查找方法如下：

① 电路熔断丝正常，控制回路熔断丝烧断。这种情况属控制回路故障。切断电源，用万用表 R×10 Ω 挡测控制回路两端，如电阻值为 0 或很小，则为控制回路短路。可将整个电路分成两块，测每一块的电阻值，找出电阻值小的那一块，再把它分成两块，测量每一块的电阻值，再找出电阻值小的那一块，把接点分开，测每一路的电阻，在电阻值小的那一路找出故障点。

② 主电路熔断丝正常，控制回路熔断丝不操作正常，但是一操作就烧断。这类故障的故障点在操作开关后面，可能是操作开关后面直接短路，也可能是接触器（或继电器）触点动作后引起后面短路。可把接触器（或继电器）线圈与电路断开，拆开该点所有支路，测量每一支路的电阻，找出电阻为零或最小的那一路，检查具体原因加以排除。

如果短路现象排除，在带电的情况下用绝缘材料按动接触器（或继电器）使其触点闭合，如果电路仍正常，则是接触器（或继电器）线圈烧坏，更换接触器（或继电器）线圈即可。

如果按动接触器（或继电器），电路仍然烧断，则是与接触器（或继电器）常开触点有关的控制电路有故障，可测所有常开触点输出端与它相连的电源间的电阻，查出短路故障点加以排除。

③ 主电路熔断丝烧断，控制回路熔断丝正常。这类故障的故障点在主电路。主电路故障一般出在电机上，或主电路接触不良，电机启动时间过长而使熔断器烧断。可从热继电器处将电机线拆下，在热继电器处测三相电压

看是否正常。如果电压不正常，可检查接触器的主触点及主电路有关器件，找出故障点。如果电压正常，则故障一般在电机上（也有可能主触点接触不良但查不出来），检查电机是否被卡住，连接导线是否短路，电机绕组是否有故障，根据情况加以排除。如果全部正常，新安装电机有可能是电机接法错误或熔断器容量偏小。

(3) **其他故障**　如果操作后接触器或继电器发出"嗡嗡"声而不能吸合，不是器件被卡住，就是器件两端电压低，可通过按动器件和测器件两端电压的办法加以区分。如果按动器件阻力较大，则是器件被卡住，拆下器件，通过观察找出原因加以排除。如果线圈两端电压太低，而电源电压正常，则是电路接触不良，查出接触不良点加以排除。

二、故障诊断举例

图 2-47 是一个最简单也是最常用的三相异步电动机直接启动、停止控制电路，以此电路为例介绍电气线路的故障分析与查找方法。

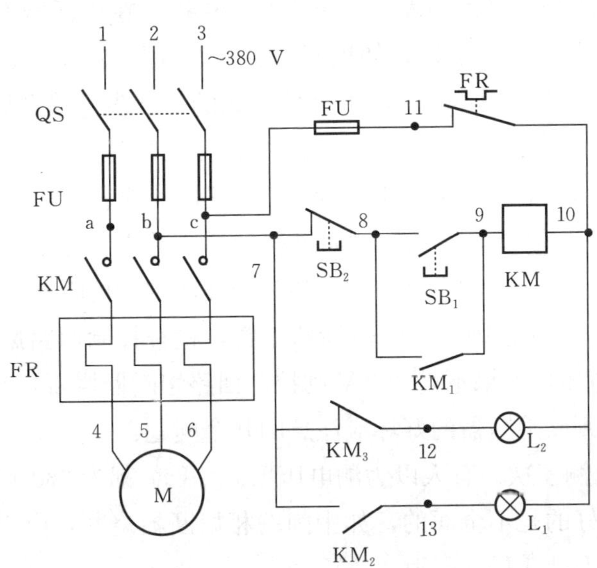

图 2-47　三相异步电动机直接启动、停止控制电路

1. 电路的工作原理

合上电源隔离开关 QS，在电路正常情况下，L 指示灯亮，表明电源正常，按下启动按钮 SB_1，接触器线圈 KM 得电，接触器吸合，接触器的主触点闭合，电机通电运转。同时，常开辅助触点 KM_1 闭合，保持电路继续有电（自锁触点），KM_3 断开，L_2 指示灯灭，KM_2 闭合，L_1 指示灯亮，电机启动成功。电路中 FR 是起过载保护作用的。熔断器 FU 主要起短路保护作用。按下停止按钮 SB_2，接触器线圈 KM 失电，接触器跳开，电机停转，KM_3 闭合 L_2 指示灯亮，KM_2 断开 L_1 指示灯灭。

2. 故障分析

如果合上电源开关 L_2 指示灯不亮，则可能有两方面的原因：一是可能电源有问题或热继电器跳开，二是可能 L_2 指示灯回路有问题。可先按热继电器复位按钮，看 L_2 指示灯是否亮，如果仍不亮，按启动按钮，看电机能否启动。

如果电机能启动，则是 L_2 指示灯回路有问题，检查 L_2 指示灯回路。可测 10、12 两点间的电压。如果电压为 380 V，L_2 指示灯坏；如果电压为 OV，KM_3 触点坏或线路有断路。

如果电机不能启动（接触器不能吸合），则是电源有问题，可先检查主电路熔断器，方法如下。

（1）测电压法　将万用表拨到交流 500 V 挡，在熔断器下端（图中 abc 处）测电压 Uab、Uac、Ubc，如果哪一次电压不是 380 V，则是主电路熔断器烧断。假设 Uab 不是 380 V，可将接 b 相的一支表笔移到熔断器上端测，如果移动后测的电压是 380 V，则 b 相的这个熔断器烧断，换新以后再测另外两相，如果移动后测的电压不是 380 V，将移动的表笔移回 b 点，再移动 a 相的一支表笔到熔断器的上端，如果移动后测的电压是 380 V，则 a 相这个熔断器烧断。其他两相亦然。此法称为交叉法判断熔断器的好坏。如果三次电压都有是 380 V，则主电路熔断器正常，检查控制回路熔断器，可测 7 和 11 两点间电压，如果不是 380 V 则控制回路熔断器烧断。

用交叉法判断熔断器的好坏应注意的几个问题：

① 一定要测三次。有人以为测电压 Uab、Uac 都为 380 V，可以判断三个熔断器都是好的是不全面的，如中间一相熔断器烧断，由于指示灯 L_2 的存在，测电压 Uab、Uac 都为 380 V。

② 三次电压一定要正常。即如果电源电压为 380 V，则测三次都应为 380 V，如果有一次或两次虽然有电，但是电压远远小于 380 V，都应判断为熔断器有问题。

③ 即使三次电压都正常也不一定没问题。有时候熔断器接触不良，存在较大的接触电阻，用万用表测电压都是 380 V，但是有负载时电路不能正

常工作。这一点应特别注意。此问题可用万用表测电阻的办法查找。

(2) 测电阻法　切断电源，将万用表拨到R×10 Ω挡并调零，分别在三个熔断器两端测电阻，哪一个电阻值不为零哪一个熔断器就坏了。

如果主电路熔断器没有问题，则再检查控制回路熔断器。

如果合上电源开关，L_2 指示灯亮，但是按动 SB_1 按钮接触器不能通电吸合，则故障出在电路图中 7、8、9、10 这条支路上，也可用两种办法测量。

① 测电压法。将万用表拨到交流 500 V 挡，先测 10 和 8 之间的电压。如果电压不是 380 V，则是 SB_2 坏了；如果电压是 380 V，则 SB_2 是好的；再按住 SB_1 按钮测 10 和 9 之间的电压，如果电压不是 380 V，则 SB_1 坏了；如果电压是 380 V，则 KM 线圈坏了。

② 测电阻法。切断电源，将万用表拨到 R×1 Ω 挡并调零，先测 7 和 8 之间的电阻，看是否为 0 Ω。如果不是，则 SB_2 按钮坏了；如果是，则 SB_2 按钮是好的。再按住 SB_1 按钮，测 8 和 9 之间的电阻，看是否为 0 Ω。如果不是，则 SB_1 按钮坏了；如果是，则 SB_1 按钮是好的。再将万用表拨到 R×100 Ω 挡（其他挡也可，但不要用 R×1 Ω 挡）测线圈两端。如果通，则线圈是好的；如果不通，则圈断了。

也可以依照上面的思路排查出其他支路的故障。

如果合上电源开关，L_2 指示灯亮，但是按动 SB_1，接触器发出“嗡嗡”声不能吸合。这种现象有两个可能：一是接触器被卡住，二是接触器线圈两端电压过低。可按住 SB_1 按钮测线圈两端的电压，如果电压正常，则是接触器被卡住，找出卡住的原因，加以排除即可。如果通过测电压，发现电源电压正常，但是线圈两端电压不正常，则故障出在电路中某处接触不良。这种故障用测电阻的办法比较容易发现，测到哪个器件虽然导通但电阻值比较大，就是哪个器件接触不良（不包括线圈）。用测电压的办法可以这样测：先不按 SB_1 按钮测 7 和 10 之间的电压，如果是 380 V，再按下 SB_1 按钮测；如果电压大大降低，则问题出在 7 和 10 之前的电源部分，可逐步向前测。如果按住按钮还是 380 V，则问题出在 7 和 10 之间，按住 SB_1 按钮逐点测电压，经过哪个器件电压突然降低，问题就出在哪个器件上，如螺丝松动、线头氧化、触点接触不良等。

如果按动按钮接触器吸合，但电机发出“嗡嗡”声不能运转。这类故障出在主电路上。可能的原因很多，首先用前面介绍的方法检查 a 相熔断器是否烧断，如果烧断，换新以后再试；如果仍不能运行，检查接触器的主触点是否接触不良。可以打开灭弧罩检查主触点是有否烧蚀严重而接触不良，也可以拆下电机接线（必须拆下电动接线否则时间长了可能把电机烧坏），在接触器下端测电压，看三相电压是否正常，如果电压不正常，则是接触器触点接触不良。如果接触器触点接触不良，一般情况可以将触点清洗一下，再将底盖打开，将铁芯处的垫片减少一两片，增加超程即可。严重烧蚀应更抽象触点或接触器，如果各处都正常，就应检查电机接线是否有断路或接触不良、电动绕组是否断路、电机转子是否被卡住、负载是否过重等原因，发现问题加以解决，即可排除故障。

对于比较复杂的电路，最好在电路没出故障之前，就把图纸分析清楚，了解电路的工作原理和每个器件的作用及特点。这样查找故障时，就可以先通过分析判断故障可能存在的环节，结合图纸看看应该动作的器件是否动作。有时通过分析就能直接判断出故障器件和部位，然后通过测量加以证明就可以了。当一个故障现象可能有多个可能的原因时，应当先从最简单、最容易出问题的地方查起，如果没有问题，再查复杂的地方，即先易后难，逐一排除，最终查出故障，排除故障。以免把简单的问题复杂化，另外最好用两个以上的办法证明同一个故障。例如，用测电压的办法测出某接触器线圈断了，可用测电阻的办法再测一次。用测电阻的办法证明某触点接触不良，可用一根导线将该触点短接，看电路是否恢复正常。如果恢复正常，确实就是该触点接触不良。

查找和排除线路故障时一定要仔细周密，尽量按原电路修复，避免故障扩大。在不得已的情况下必须更改电路时，应在图纸上作出标记，有条件时及时恢复，以免给后来者造成不必要的麻烦。

三、常用电气设备的维护保养

为了保证电气设备的可靠运行应经常做好电气设备的维护保养工作。

1. 控制箱的维护保养

控制箱箱体要保持清洁干燥，接地可靠，箱门平时应处于关闭状态，箱内所有器件、导线等应保持清洁干燥，不得有油污、水及其他液体。较长时间不用的控制箱应切断电源。有烘潮电阻的控制箱，不得切断烘潮电阻的电源。

2. 继电器、接触器的维护保养

① 经常保持接触器、继电器的清洁，定期以压缩空气吹干净接触器、

继电器上的灰尘，或用刷子蘸电器清洗液刷净，以免影响接触器、继电器的工作。

② 定期检查接触器的触点压力、开距，使之保持在规定的范围内。

③ 定期检查铁芯与衔铁接触是否紧密，清除接触处的污物。

④ 接触器灭弧罩应安装牢固，灭弧栅片数不得缺少，若有破裂或烧损严重应更换。

⑤ 弹簧长期使用后，当失去弹性或断裂时应及时换新。

⑥ 要定期检查接触器、继电器的各紧固件是否松动，与导线连接的紧固件松动后，会使接触电阻增大，引起局部发热。

⑦ 定期检查线圈、铁芯的温度是否过高，声音是否正常。

⑧ 定期检查接触器、继电器触点的闭合情况，严重缺损的触点应当更换，一般情况只要保持触点清洁就可以了。触点稍有不平或变色是正常现象，不要锉擦，否则将缩短触点寿命。严重不平的触点可以用细砂纸或小锉适当打磨，打磨后的动、静触点应保持面接触而不要点接触。

⑨ 更换接触器、继电器时要注意其规格和工作电压与原来相同，特别要注意不能以额定电流小的接触器代替额定电流大的接触器。更换线圈要注意线圈电压与原来的相同，否则该电器不能正常工作或烧毁线圈。

3. 接触器常见故障的判断及处理方法

(1) 线圈断线或烧毁　当接触器线圈加额定电压而接触器不动作（没任何反应），或用欧姆挡测线圈电阻为∞时，可判断为线圈断了。当接触器线圈通电后控制回路熔断器烧断，可判断为线圈烧了（如果线圈处有火花可以肯定是线圈烧了），应换新线圈或按原来的数据重绕。

(2) 触点接触不良、过热或熔焊　接触器断电后常闭触点不通、吸合后常开触点不通，即为触点接触不良，可以清洁触点并通过增加超程（减少底盖垫片数量）加以解决。如果触点缺损严重应当更换触点。接触器触点过热（一般不易被发现）可能是触点过脏、触点压力小或触点容量不够造成的，可根据情况加以处理（清理触点、增加超程、更换大接触器）。接触器断电后主触点跳不开，则属于触点熔焊，这一般是长时间使用或短路故障造成的。可用螺丝刀撬开，然后将触点轻轻打磨一下。

(3) 铁芯噪声大　如果噪声很大，则是铁芯短路环断了或脱落，应当更换铁芯或更换短路环。如果噪声较小，则是铁芯面脏了，取出铁芯将接触面清洁一下。

(4) 卡住　当接触器通电后发出嗡嗡声，衔铁不动作，则可能是被卡住，或线圈两端电压太低。如果电压太低，可能是线路接触不良或电源电压低。如果电源电压正常，切断电源按动接触器的主触点。若按不功则是卡住了。打开接触器，找出卡住的原因，排除即可。

(5) 铁芯被粘住　接触器断电后跳不开或经过一段时间跳开，如果不是触点熔焊的话，就是铁芯处有油污将铁芯粘住，拆出铁芯将油污擦干净即可。

4. 热继电器的维护保养

① 热继电器在使用中需定期用布擦去灰尘和污垢，双金属片应保持原有光泽，若表面有锈蚀，可用布蘸汽油轻轻擦净，但不宜用砂布擦光。

② 热继电器的动作机构应正常可靠，可用手拨动几次观察之。复位按钮应灵活。调整部件不得松动，刻度盘应对准需要的刻度值。

③ 热继电器的接线螺丝应拧紧，触点必须接触良好，盖子应盖好。

④ 检查元件是否良好时，只能打开盖观察，不得将热元件卸下。若必须卸下时，在装好后应进行通电试验。

⑤ 热电器在使用过程中，若设备发生故障引起巨大短路电流后，应检查双金属片有无显著变形。若已变形或无法准确判断时，都需要进行通电试验。因双金属片变形或其他原因使动作不准时，只能调整部件，绝对不能弯折双金属片。

第十一节　锚机、绞缆机电力拖动控制系统

一、锚机、绞缆机对电力拖动控制的基本要求

由于各类船舶的锚机和绞缆机的拖动控制系统基本相同，因此不论是电动还是液压的锚机和绞缆机，它们的技术要求也基本相同。其技术要求可归结为以下几点：

① 在锚机和绞缆机的控制系统中应设置自动逐级延时启动电路和应急保护电路。

② 电动机应具有足够大的过载能力，应能满足任何一种起锚状态所需要的最大转矩，并且能在最大负载力矩下启动（在 30 min 内允许启动 25 次）。

③ 电动机在堵转情况下能承受堵转电流时间为 1 min（堵转力矩为额定力矩的 2 倍）。在堵转时，对直流电机而言，应能使电动机自动转到人为机

械特性上运行；对交流电机而言，应能自动转换到低速运行。

④ 为满足必需的起锚速度和拉锚入孔时的低速，要求电动机有一定的调速范围，一般要求在（5～3）：1。

⑤ 在电动抛锚时，由于是位能性负载，因此要求控制系统必须具有稳定的制动抛锚功能，匀速抛锚。

⑥ 电动机启动次数不宜过于频繁，应能连续工作 30 min，且要满足 30 min内启动 25 次的要求。

⑦ 采用电气和机械联合制动，以便满足快速停车及系缆时具有轻载高速性能。

⑧ 电力拖动装置应能满足在给定航区内，单锚破土后能收起取锚。

⑨ 对电动液压锚机来讲，它应具有独立的电动机驱动，其液压管路应不受其他甲板机械的管路影响。链轮与驱动轴之间应装有离合器，离合器应有可靠的锁紧装置；链轮或卷筒应装有可靠的制动器，制动器刹紧后应能承受锚链断裂负荷 45％的静拉力；锚链轮上必须装有止链器。

二、交流三速电动锚机控制电路

交流三速起锚机电气控制系统与交流三速起货机电气控制系统很相似，如调速、正反转、逐级自动延时启动、电磁制动及机械制动等基本工作原理基本上是一样的。其交流电动锚机电气控制线路图见图 2-48。

1. 控制系统的特点

控制系统中的主令控制器上正反转操作均有三挡位置，分别来控制三挡速度，拖动电动机采用交流三速鼠笼式异步电动机，其定子上有两套绕组：一套为 4 极，称为高速绕组；另一套是变极绕组，16 极低速是三角形（△）接法，8 极中速是双星形（YY）接法，从△改接成 YY 属于恒功率调速。

由于低速与中速合用一套绕组，因此需要进行△与 YY 转换，为此多用了一个接触器。系统设计低速与中速可直接启动，高速则要通过中速延时启动。由于电动机的中速与高速是设计成恒功率形式，因此线路中设置了在高速挡过载时能自动转换到中速挡运行的保护电路。因为该保护是由过流继电器来反映负载大小的，为了避免高速挡电流使过电流继电器误动作，所以设置了一个时间继电器，暂时短接过电流继电器。另外，正反转是对称控制线路，系统采用了可逆的对称控制，用主令控制器来控制锚机电动机的启动、调速、停止及反转。

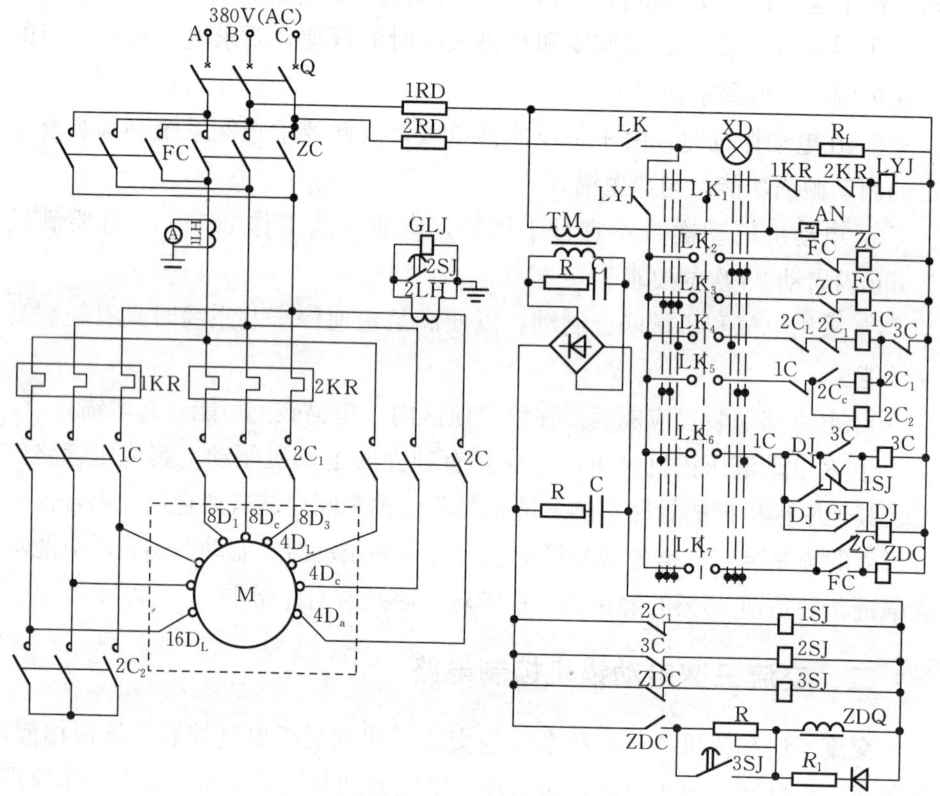

图 2-48　交流三速电动锚机电气控制线路

当锚机电动机在高速挡运行时，一旦由于某种原因过载，系统就能自动瞬时转换到中速挡运行。在负载减小后，为了重新回到高速挡运行，则主令控制器手柄必须从第三挡扳回到第二挡的位置，然后再扳到第三挡位置，锚机电动机才能重新进入高速运行。

系统中设置有失压保护，在低速与中速挡位置设置了热保护，在高速绕组回路设置了过载保护（过电流继电器 GLJ 的动作电流设置为高速挡额定电流的 110%）。方向主接触器 ZC 与 FC 之间以及 1C 与 2C 之间设置有机械连锁装置，目的是为了防止电源短路。控制电路采用熔断器作短路保护。

2. 系统的工作原理

(1) 启动及运行　当合上电源主开关 Q 和控制电路电源开关 LK，主令控制器面板上的电源指示灯 XD 亮，表示主电源及控制电源都已提供（接通）。

① 主令控制器手柄扳到零位。主令触头 LK 闭合，失压继电器 LYJ 得

电，其常开触点闭合，控制电路获电。

在直流回路中，1SJ 线圈获电，其 1SJ 的常闭触点断开，使高速接触器 3C 线圈不能通电。

2SJ 线圈获电，其常开触点闭合，保证了 GLJ 被短路而不起作用。3SJ 线圈获电，其常开触点闭合，短接线圈串联的电阻 R，为刹车接触器 ZDQ 线圈通电作准备。

② 起锚第一挡。当手柄扳到起锚第一挡的位置时，主令触头 LK_1 断开，主令触头 LK_2、LK_4、LK_7 闭合，方向接触器 ZC 和低速接触器 1C 得电吸合，电动机低速绕组通电。同时 ZC 的辅助常开触点闭合，使得刹车接触器 ZDC 线圈得电吸合，这时刹车线圈获电，制动器松闸，电动机开始低速运转；此外，ZC 的常闭触点打开，使 FC 线圈不能获电，保证 ZC 与 FC 之间实现电气连锁；再者，ZDC 的常闭触点断开，使 3SJ 线圈失电，其触点延时打开，使刹车线圈串入经济电阻 R。

③ 起锚第二挡。当手柄扳到起锚第二挡位置时，主令触头 LK_4 断开，LK_5 闭合。一速接触器 1C 线圈失电，其常闭触点闭合。中速接触器 $2C_2$ 线圈得电吸合，其常开触点闭合，使 $2C_1$ 线圈得电，电动机中速绕组通电，进入中速运转。要注意的是，$2C_1$、$2C_2$ 和 1C 之间是通过各自的辅助触头进行电气连锁。另外，$2C_1$ 的常闭触点打开，使 1SJ 线圈失电，其常闭触点瞬时闭合，为高速接触器 3C 线圈通电做好准备。

④ 起锚第三挡。当手柄扳到起锚第三挡位置时，主令触头 LK_6 闭合。中间继电器 QJ 不得电，高速接触器 3C 线圈得电吸合，使电动机高速绕组通电，电动机进入高速运行。此外，3C 的辅助常闭触点断开，使 $2C_1$、$2C_2$、2SJ 线圈失电，其中 2SJ 的常开触点断开，使过电流继电器投入工作，对电动机进行过载保护。

⑤ 停车。停车时，主令手柄扳回零位，电动机失电，制动器线圈失电进行机械刹车，使电动机快速停转。

(2) **抛锚**　主令手柄放在抛锚各挡时，工作情况与起锚时相同，仅仅是方向接触器 FC 线圈通电，ZC 线圈断电，使电动机反转。另外，深水抛锚时，电动机在锚重拖动下进入再生制动状态，实现等速抛锚，其他读者可自行分析。

(3) **主要保护环节**

① 零位（失压）保护。由失压继电器 LYJ 实现，并与 LK_1 配合实现零

位保护。当主令手柄不在零位时电网失电，零电压继电器 LYJ 触头释放，切断控制电路；之后，即使电网恢复供电，系统仍不能工作，必须待主令手柄回零后，LYJ 重新获电，系统才能恢复工作。

② 高速挡过载保护。高速挡运行过载时，过流继电器 GLJ 动作，其触头打开，接触器 3C 断电释放，使 $2C_1$、$2C_2$ 相继通电动作，电动机转换到中速级运行。3C 断电后，其自保触头打开，因而过载消失后不能再自行通电，如需高速运行，其手柄必须从第三挡退回第二挡，再扳回第三挡。

③ 中、低速级过载保护及其应急起锚。中低速级过载保护由热继电器 1KR 和 2KR 实现。当热继电器 1KR 和 2KR 过载动作时，因热继电器自动复位时间需 2 min 左右，在应急情况下，仍需要电动机低、中速级运行时，可按下主控制器上的应急按钮 AN，使电动机继续工作。

④ 起锚与抛锚电气互锁保护。起锚与抛锚电气互锁保护由正反转方向接触器 ZC 和 FC 的常闭辅触头 ZC、FC 互相串在对方线圈回路串实现。

⑤ 中、低速绕组换接互锁保护中、低速度绕组是一套变极绕组，为防止同时接通电网造成电源短路，必须要求互锁，1C 和 $2C_2$、$2C_1$ 接触器的常闭辅触头互相串在对方线圈回路中实现。

第三章　三相交流同步发电机

第一节　三相交流同步发电机的结构和工作原理

一、三相交流同步发电机的结构

同步电机与其他电机一样，由定子和转子两大部分组成。三相同步发电机定子与三相异步电机的相同，主要有嵌放在铁芯槽中的三相对称绕组，转子上装有磁极和励磁绕组（图3-1）。当励磁绕组通以直流电流以后，电机内产转子磁场，如用原动机带动转子旋转，则转子磁场与三相定子绕组间有相对运动，就会在三相定子绕组中感应出交流电势。

图3-1　三相同步发电机结构原理

同步发电机按其结构可以分为旋转电枢式和旋转磁极式。旋转磁极式按照磁极的形状，又可分为凸极式（3-2a）和隐极式（3-2b）。图3-2所示为同步发电机的基本型式。

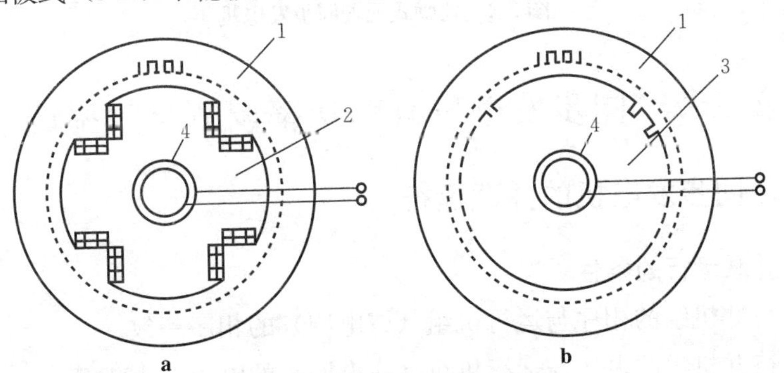

图3-2　同步发电机的基本型式

a. 凸极式磁极　b. 隐极式磁极

1. 定子　2. 凸极转子　3. 隐极转子　4. 滑环

二、三相交流同步发电机的基本工作原理

在原动机的带动下，转子快速旋转，转子绕组通过电刷、滑环使得外加直流励磁电流产生磁极，转子的磁极磁场变成旋转的磁极磁场，定子电枢绕组切割旋转转子磁场的磁力线产生感应电动势。由于定子绕组在空间上相差120°，从而产生三相正弦感应电动势。

三、同步发电机的基本类型

按同步发电机定子和转子的结构及作用不同有两种类型，即旋转磁极式和旋转电枢式。

按同步发电机的励磁电源的不同有两种基本类型，即自励同步发电机（图 3-3）和他励式同步发电机（图 3-4 无刷同步发电机）。

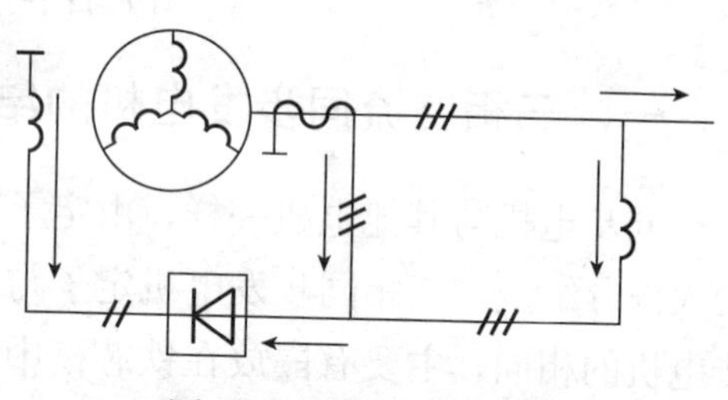

图 3-3　自励同步发电机

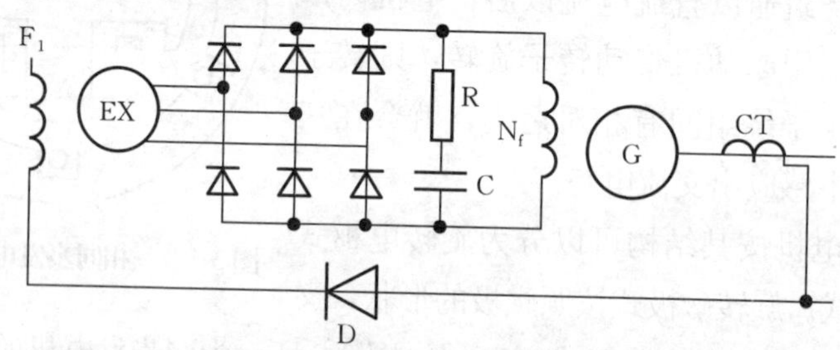

图 3-4　他励式无刷同步发电机

第二节　同步发电机有功功率调节与频率调节

一、同步发电机的并联运行

1. 并联运行的条件

① 待并机组的相序与运行机组（或电网）的相序一致。

② 待并机组的电压与运行机组（或电网）的电压大小相等。

③ 待并机组电压的初相位与运行机组（或电网）电压的相位相同。

④ 待并机组电压的频率与运行机组（或电网）电压的频率大小相等。

2. 并联运行的条件范围

实际并车时，除相序外其他条件不可能做到完全一致，而且必须有一定的频差才能快速投入并联运行，因此可以有下面的条件范围。

① 并车操作时两台发电机组之间的电压差不能超过额定电压的10%。

② 并车时要求相位差一般应在±15°。

③ 并车时一般要求将两台发电机的频差控制在±0.5 Hz。

这就是所谓的准同步并车条件。准同步并车可以使得发电机并联瞬间冲击电流在可接受的范围内。

船舶同步发电机的并车可以由轮机人员在发电机并车控制屏用手动准同步并车操作或通过设置的自动并车装置实现自动并车操作。

二、同步发电机的有功功率调节和频率调节

船舶电站单机组运行或多机组并联运行都必须进行有功功率调节和频率调节。

船舶发电机输出的有功功率是由原动机（柴油机）的机械功率转化而来的，船舶电力系统的用电负载有功功率变化（如电动机的启动、停机等），会引起发电机组转速的扰动变化，从而使电网频率发生变化。

规定船用电气设备在电源频率波动稳态值达±5%额定频率时应能正常运行。因此要求船舶电网频率的变化最好保持在±0.2 Hz。因此，为了保证电网稳定供电，必须进行同步发电机的有功功率调节和频率调节。影响功率和频率的调节作用的是调速器，通过调速器调节油门的大小，维持发电机的转速（频率）在一定的范围内。

第三节　同步发电机自励恒压装置与发电机无功功率调节

船舶电网电压是否稳定取决于发电机的自励恒压装置性能。自励恒压装置的主要任务是根据发电机的各种运行状态，向发电机的励磁系统提供一个可调的直流电流，使发电机的输出电压保持稳定。

一、自励恒压装置的作用和基本要求

1. 自励恒压装置的作用

① 发电机启动后转速接近额定转速时，能建立额定空载电压；当负载

大小、性质变化时，能自动保持电压基本恒定。

② 在发电机并联运行时均匀分配机组之间的无功功率。

2. 对自励恒压装置的基本要求

① 静态和动态特性的要求

静态电压调整率：用 ΔU_W 表示

$$\Delta U_W=\frac{U_W-U_N}{U_N}\times 100\%$$

式中 U_N——发电机的额定电压（V）；

U_W——发电机在规定的负荷变化范围内端电压的稳态最大值或最小值。

规范规定：发电机从空载至满载，功率因数保持为额定值，主发电机的静电压变化率应在为±2.5%，应急发电机的静态电压变化率应为±3.5%。

瞬态电压调整率 ΔU_S 和电压恢复时间。

$$\Delta U_S=\frac{U_{min}\ (U_{max})\ -U_N}{U_N}\times 100\%$$

式中 U_{min}（U_{max}）——发电机突加负荷或突减负荷时的最低电压值（最高电压值）。

规范规定：交流发电机在负载为空载、转速为额定转速、电压接近额定值的状态下，突加和突卸60%额定电流及功率因数不超过0.4（滞后）的对称负载时，在电压跌落的情况下，其瞬态电压值应不低于额定电压的85%；当电压上升时，其瞬态电压值应不超过额定电压的120%，而电压恢复到与最后稳定值相差3%以内所需的恢复时间应不超过1.5 s。

② 强行励磁。负载突变或短路故障消除后电压可迅速恢复。

③ 电磁兼容性。在规定的电磁环境中有效工作，电磁方面不干扰其他设备正常工作。

④ 自励起压性能。这是对自励类型的励磁装置的要求。保证发电机依靠剩磁从静止启动后能迅速顺利地发出规定的电压。

二、自励恒压装置的分类及调压原理

1. 按发电机电压偏差调节

发电机在运行中，由于某种原因使得发电机输出电压与给定的电压出现偏差时，调节器将根据偏差电压的大小和极性输出校正信号，对发电机励磁

电流进行调节。由于被检测量和被调量都是发电机端电压，恒压装置与发电机构成一个闭环调节系统，因此稳态特性比较好，静态电压调整率一般均在±1%以内。晶闸管自励恒压装置属于这种类型。

2. 按负载电流和功率因数调节

发电机电压的波动，是由于负荷的变化和故障引起的。如果被测量是发电机的负载电流及功率因数，再经调压器去调节励磁电流来稳定发电机电压。这时被测量和被调量不同，故构成一个开环调节系统，静态特性比较差，但动态特性较好。不可控相复励自励恒压装置属于这种类型。

3. 复合调节

这类复合调节是将上述两种调压方式结合在一起，它是在按负载调节的基础上采用自动电压调节器（AVR）。静态和动态特性都比较好，是一种较理想的励磁调节装置。可控相复励自励恒压装置属于这种类型。

目前船舶主要采用的类型有：不可控相复励自励恒压励磁装置、可控相复励自励恒压励磁装置、晶闸管自励恒压励磁装置、无刷同步发电机励磁系统。

三、电流叠加不可控相复励自励恒压装置

1. 电流叠加相复励自励恒压装置

引起同步发电机端电压变化的原因，除了负载电流大小外，还和功率因数的大小有很大关系，所以还需要调压器能补偿功率因数变化引起的电压的变化。这就需要进行所谓的相复励，如图 3-5 所示为电流叠加相复励调压原理单线图。图 3-6 是电流叠加相复励装置原理图。

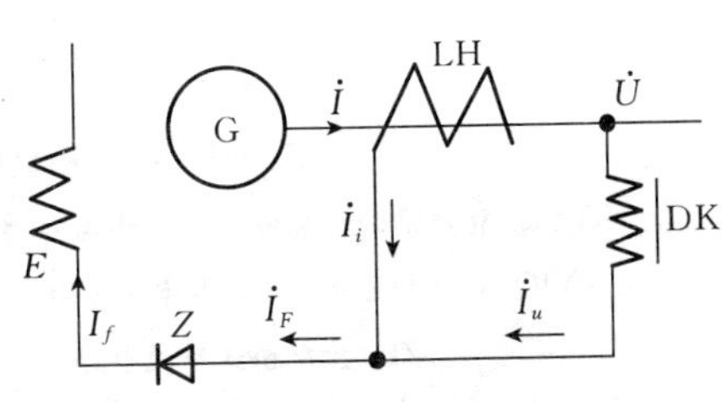

图 3-5　电流叠加相复励调压原理单线图

2. 可控相复励自励恒压装置

前述的相复励装置，虽然具有动态性能好、强励能力强等特点，但其调压精度不高，调压特性的线性度差。为此在按进行不可控相复励调压的基础上，又加上了一个按△U 进行微调的自动电压调节器 AVR。这就是所谓可控相复励自励恒压励磁系统，其原理图如图 3-7 所示。

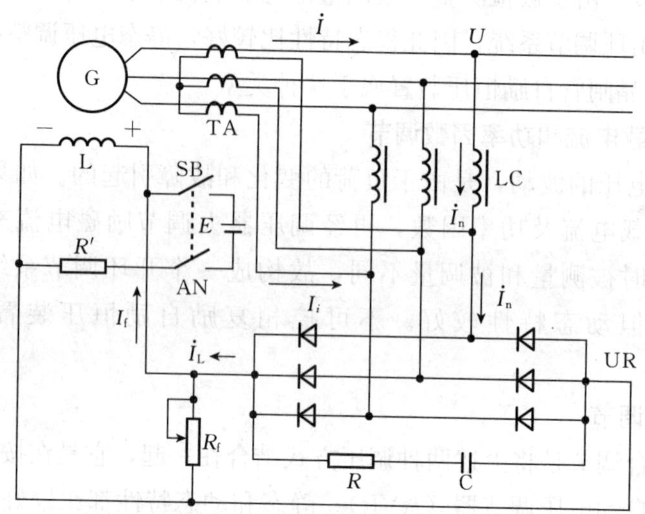

图 3-6 电流叠加相复励装置原理

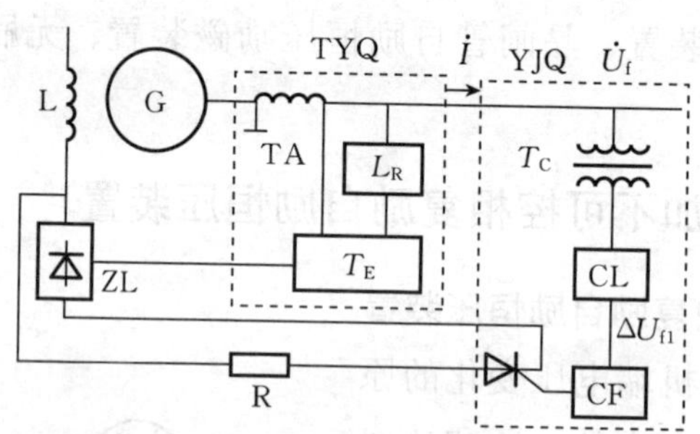

图 3-7 可控相复励自励恒压励磁系统

TYQ. 相复励调压装置 TA. 电流互感器 LR. 移相电抗器 TE. 相复励变压器
YJQ. 电压校正器 U_f. 发电机端电压 CL. 整流滤波电路 CF. 移相触发电路
ZL. 全波桥式整流电路 L. 励磁电路 ΔU_{f1}. 电压变化量

该调压系统包括两大部分：相复励自励恒压装置 TYQ 和晶闸管分流的电压校正器 YJQ。其中，相复励装置 TYQ 的作用是实现自励起压，因其动态特性很好，负责动态电压调整；电压校正器 YJQ 的作用是负责静态电压调整，进一步提高电压的调节精度。

（1）**电磁叠加可控相复励变压器式自励恒压装置** 可控相复励自励恒压装置，采用在电磁叠加相复励装置的三绕组变压器中加一个直流磁化绕组的方法。自动电压调节器 AVR 通过改变直流磁化绕组中的电流来改变变压器

铁芯的磁化程度，从而控制相复励变压器的各交流励磁线圈的电抗，以控制相复励变压器的输出电流，如图 3-8 所示。

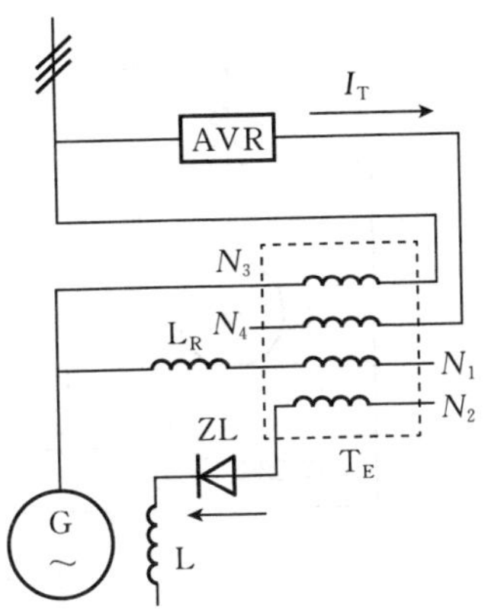

图 3-8　相复励变压器式可控相复励装置

（2）交流侧晶闸管分流相复励调压器　晶闸管并联在相复励装置的交流侧实现交流侧的分流。当电压出现偏差时，AVR 输出与电压偏差相应的触发电流，改变晶闸管的导通角进行分流。通常在晶闸管电路中串联一适当的阻抗，以限制晶闸管导通时的分流电流。与饱和电抗器交流侧分流的电路相比，晶闸管分流是断续的，而饱和电抗器交流侧分流是连续的。图 3-9 所示为交流侧晶闸管分流的调压器单线原理图。

（3）**直流侧晶闸管分流相复励调压器**　直流侧晶闸管分流的调压器与交流侧晶闸管分流的可控相复励装置不同的是晶闸管并联在直流侧，工作原理大致相同。其单线原理图如图 3-10 所示。

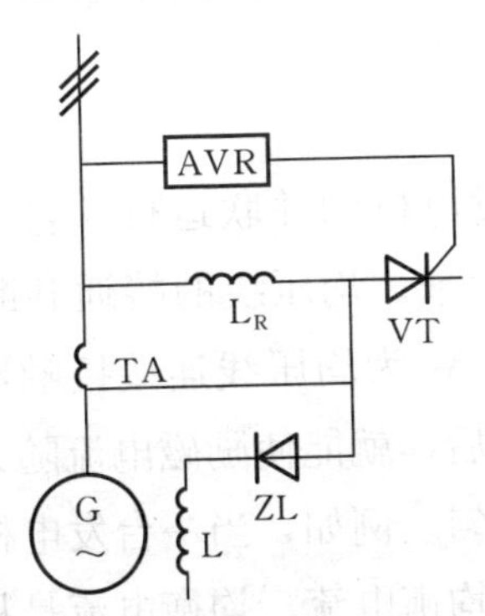

图 3-9　交流侧晶闸管分流的调压器单线原理

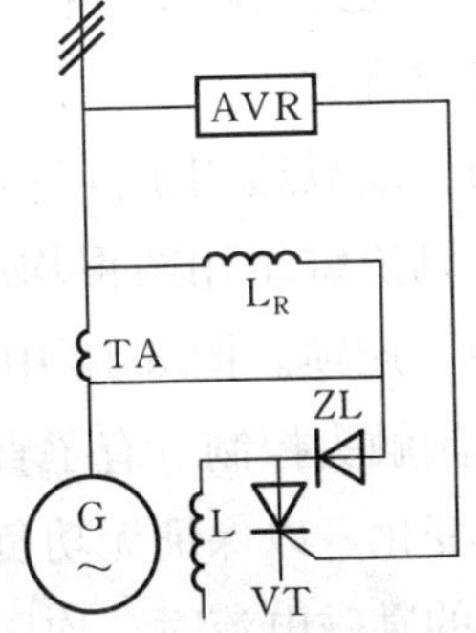

图 3-10　直流侧晶闸管分流的调压器单线原理

3. 无刷发电机励磁系统

他励同步发电机的励磁电流是由同步发电机本身之外的单独电源供电，通常是由一小容量的同轴励磁机供电。目前在船舶中普遍使用的是带交流励磁机，经过旋转整流桥的他励发电机励磁系统，称为无刷同步发电机励磁系统，如图 3-11 所示。

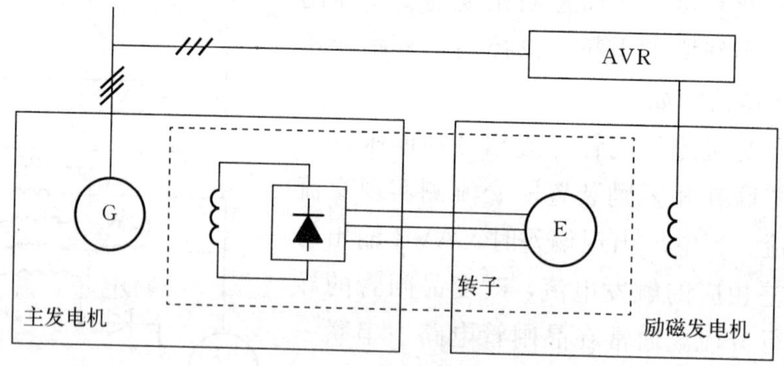

图 3-11　无刷励磁控制系统原理

四、船舶同步发电机组间无功功率自动分配

当两台并联运行发电机的电压不相等，而频率、相位相等时，则在两机组之间将产生一个无功性质的环流，其结果将使电压较高的发电机输出无功功率增大，而电压较低的发电机输出的无功功率减少（发电机负载电流功率因数低的，无功功率大；功率因数高的，则无功功率小）。由此可见，当同步发电机并联运行时，通过改变发电机的励磁电流来调节其电势，即能调整无功输出、实现无功功率转移。

1. 直流均压线

直流均压线只适用于同容量同型号发电机的并联运行。它是将并联运行发电机的励磁绕组用两根均压线并联起来。均压线的接通和断开与发电机主开关相互连锁。图 3-12 中 KA_1 和 KA_2 为均压线连接接触器，分别由主开关常开副触头控制。有了直流均压线后，就能使励磁电流随无功负载的变化而相应变化，以保证无功负载分配均匀。例如，当一台发电机励磁电流大于另一台的励磁电流时，均压线上产生均衡电流，均衡电流是从励磁电流较大的发电机流向励磁电流较小的发电机，使前者励磁电流减少，后者励磁电流增加，直至两台发电机励磁电流接近相等时为止。直流均压线如图 3-12 所示。

2. 交流均压线

交流均压线适用于容量不同的同步发电机并联运行（图 3-13)。图中，两台发电机调压装置的移相电抗器通过均压线并联，该连接处在三相整流器之前的交流侧。当两台发电机电势不相等时，通过交流均压线的联接可使发

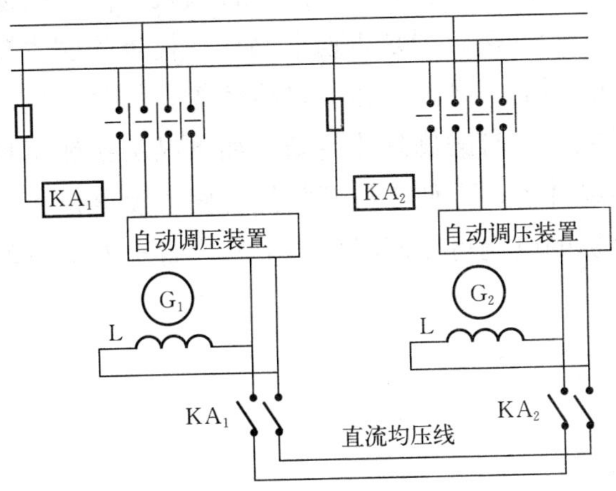

图 3-12　直流均压线

电机输出电压均衡，以保持无功功率均匀分配。

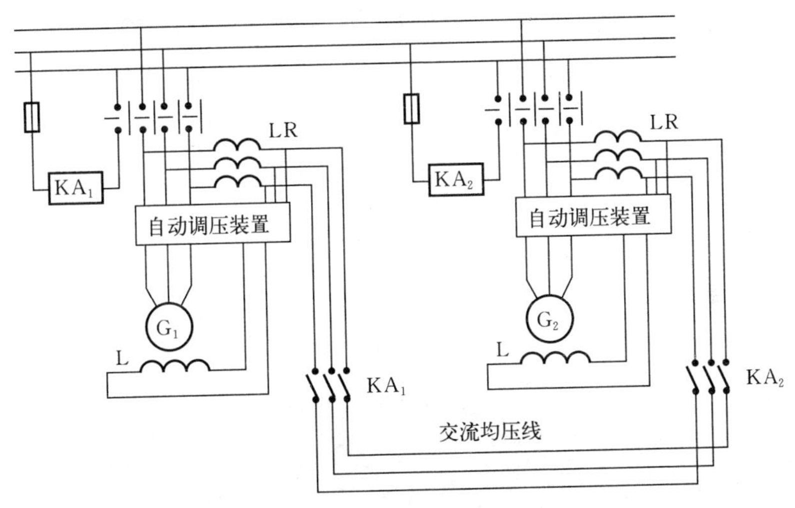

图 3-13　交流均压线

判断两机之间的无功功率分配是否均匀，可以采用的两种方法有：①两台并联运行发电机功率表（有功）指示基本相同而电流表指示相差太大时，说明无功分配装置存在故障。②两台并联运行发电机功率表（有功）指示基本相同而功率因数表（cosφ 表）指示相差较大时，说明无功分配装置存在故障。

在发电机并联运行时，其无功功率的分配是由自动电压调整器来自动完成的。

以均压线连接为例来分析无功分配装置出现故障的排除方法，重点检查均压接触器：①检查接触器是否通电动作，检查线圈本身、发电机主开关常开辅触点、熔断器、导线及相应接线柱等，修复或更新。②检查接触器触点是否可靠闭合，打磨修理或更新。如果触头接触不良，会使均压线断路，并车时不易并上，即使空气开关能合闸，发电机也不能稳定地并联运行，两台发电机的电流可能同时急剧上升，直至发电机的主开关保护动作而跳闸。

第二篇 船舶电气自动化

第四章　渔船舵机自动控制

第一节　船舶舵机控制系统的基本要求

舵机是保持或改变船舶航向，保证安全航行的重要设备，一旦失灵，船即会失去控制，甚至发生事故。因此，要求舵机必须具有足够的转舵扭矩和转舵速度，并且在某一部分发生故障时，应能迅速采取替代措施，以确保操舵能力。操舵装置控制系统的基本技术要求如下：

① 从主配电板到舵机舱应采用双线供电制，并尽可能远离分开敷设（如左、右舷两路）。在正常情况下应急配电板供电时，其中一路可以经应急配电板供电。驾驶室与舵机舱的操舵装置应使用同一电源。

② 舵机电动机应满足舵机的技术性要求，并能保证堵转 1 min 的要求。

③ 拖动电动机组应采用双机系统，各机组可单独运行（一机组为备用），也可同时运行。一机组故障碍时，另一机组应能自动投入运行。

④ 至少设有驾驶室和舵机舱两个控制站，并设有转换装置，防止两地同时操纵。

⑤ 现代船舶驾驶室多装有操舵仪，一般设有自动、随动、应急三种操舵方式，也可只设两种。

⑥ 船舶处于最深航海吃水并以最大营运航速前进时，不仅能满足舵自一舷 35°转至另一舷 35°的最大舵角要求，还应满足自任一舷 35°转至另一舷 30°的时间不超过 28 s 的转舵速度要求。

⑦ 舵角指示器指示舵角的误差为±1°。

⑧ 设有舵叶偏转限位开关，实现极限位置自动停舵；电源失压报警装置；过载声光报警，但无过载保护装置；采用自动操舵装置时，应设有航向超过允许偏差的自动报警装置。

此外，舵机还应满足工作平稳、轻巧耐用、经济性高和便于维护管理等要求。

第二节　船舶舵机的操纵方式

无论是电动还是液压舵机，其操舵方式一般分为应急操舵、随动操舵和自动操舵三种。

一、应急操舵

应急操舵也叫单动操舵或非随动操舵。它是在自动舵及随动操舵都不能用的情况下，作为应急操舵。其结构比自动操舵及随动操舵简单、可靠。操作方法是把手柄向左或向右扳动，或按两个按钮，由此切换电路向左转舵或向右转舵，在操舵的过程中要注意观察舵角指示器的指示。

单动操舵控制线路比较简单。图 4-1 为 DS_1 型应急操舵装置简图。它是电动—液压系统。为方便介绍，图中只画出一套机组，而把另一套机组及其相应的转换开关略去。系统工作时，将驾驶台/舵机间转换开关打到驾驶台位置，4WH 闭合，然后一号油泵启动开关扳到启动位置，$1WH_2$ 闭合，接触器 1JLC 线圈通电吸合，电动机启动运行，带动定量油泵，向系统供应压力油。

3WH 为操舵方式转换开关，1SDK、2SDK 为驾驶台内手轮操舵开关和手柄操舵开关。如 SDK 向左或向右扳动，相应的正反向电磁阀 DCF1 或 DCF2 通电，系统的压力油流动方向就不同，舵的转向随之而异。如需两套系统自动转换时，假设原来是 2 号系统工作，则可将 1 号油泵启动开关扳到“备用”位置，$1WH_1$ 闭合，此时因 2JLC 吸合，其常闭触头打开，1 号油泵不会自动启动；当 2 号系统断电，2JLC 释放，其常闭触头闭合，1 号系统便自行启动。

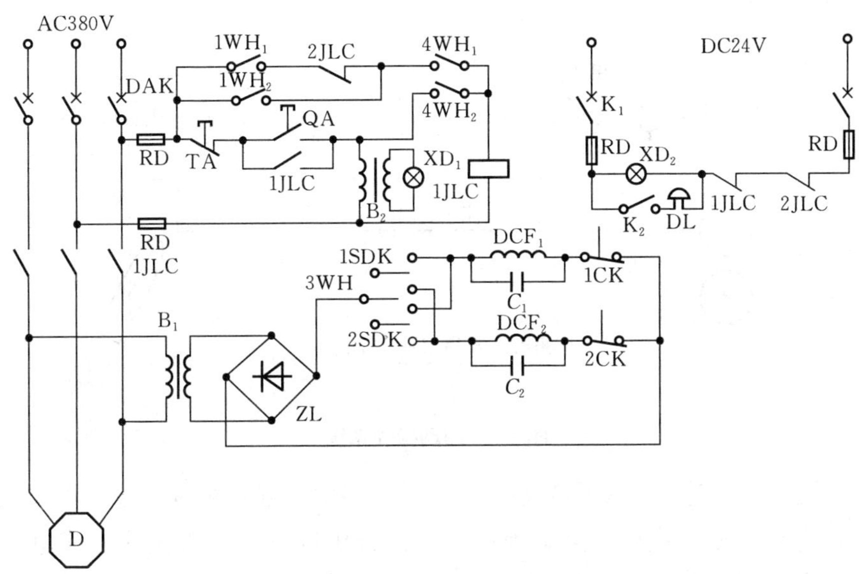

图 4-1 DS_1 型应急操舵装置

如欲在舵机间用 1 号系统操舵，应将转换开关 4WH 扳到 1 号位置，$4WH_2$ 闭合，按下启动按钮 QA，油泵电动机启动运行，就可用操舵开关操舵（图中未绘出）。归结起来，单动操舵控制可用图 4-2 所示的方框图来表示。在操舵控制信号较弱时，不足以直接推动执行机构工作，或即使能推动工作，但其灵敏度太低，故必须加放大环节。

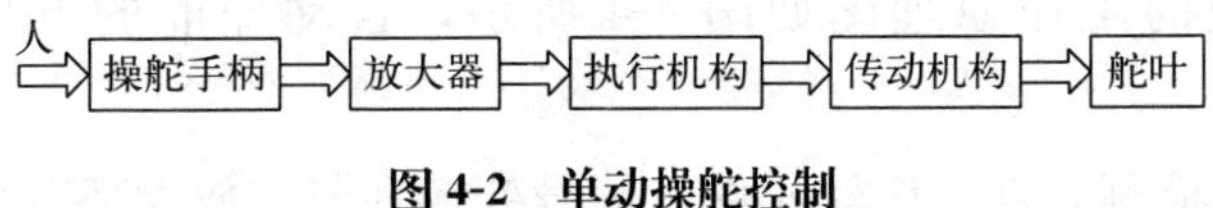

图 4-2 单动操舵控制

二、随动操舵

随动操舵控制系统只要操作人员给出某一操舵指令，系统就能自动地按指令把舵叶转到所要求的舵角上，并且自动使舵叶停转。图 4-3 为随动操舵系统方框图，它是按偏差原则进行调节的。信号的消除不是通过人而是通过舵叶的偏转来达到，亦即与舵柱机械地连接一个信号发送器。舵叶转动时，发出反馈信号，如果反馈信号和控制信号相等时，就将控制信号抵消，使偏差信号等于零，舵叶停止转动。只要向某一方向扳动操舵手轮，舵也向某一方向偏转，待舵偏转到所要求的舵角时，舵将自动停止转动。从而实现了舵机的自动调节。

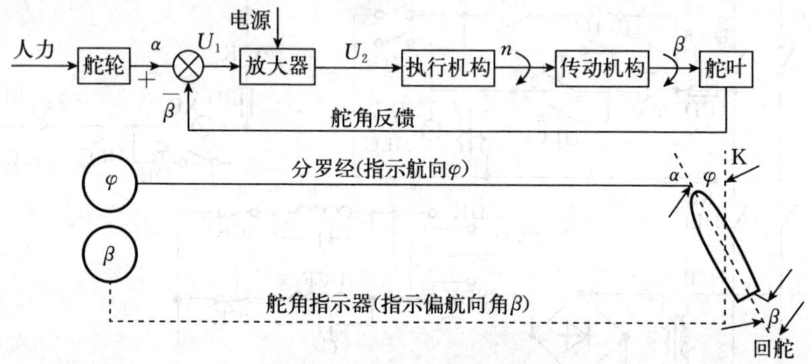

图 4-3　随动操舵系统

在随动操舵这个自动调节系统中，被调对象是舵，被调节量是舵角，系统中包合有比较、执行、测量等环节。比较机构可以是机械式的或电动式的；放大器可以有多种类型；执行机构可以是电动机或其他。因此，随动系统的种类也是很多的，实现随动操舵的具体线路也是多种多样的。

三、自动操舵

自动舵是根据陀螺罗经送来的船舶实际航向与给定航向信号的偏差进行控制的。在舵机投入自动工作时，如果船舶偏离了航向，不用人的干预，自动舵就能自动投入运行，转动舵叶，使船舶回到给定航向上来。

自动操舵的工作原理图如图 4-4 所示，自动操舵的方框图如图 4-5 所示。

该系统由检测元件、比较元件、信号变换环节、放大环节、执行传动机构和反馈环节等组成。系统的调节对象是船，被调量是航向。

通常把舵角反馈称为内反馈，把航向反馈称为外反馈，因此自动操舵系统是一个具有双重负反馈环节和两个比较单元，无闭环调节系统。

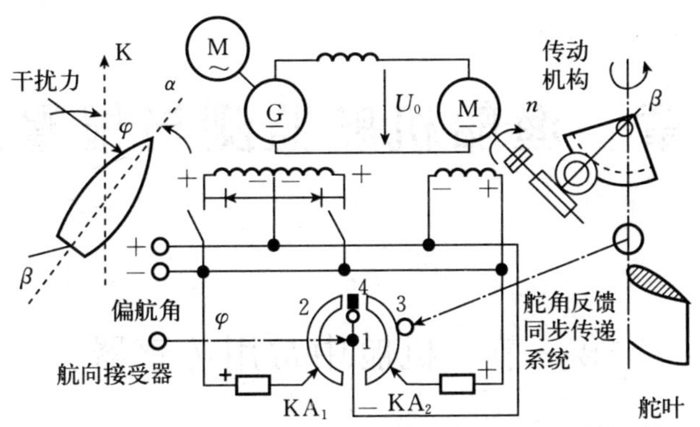

图 4-4　自动操舵

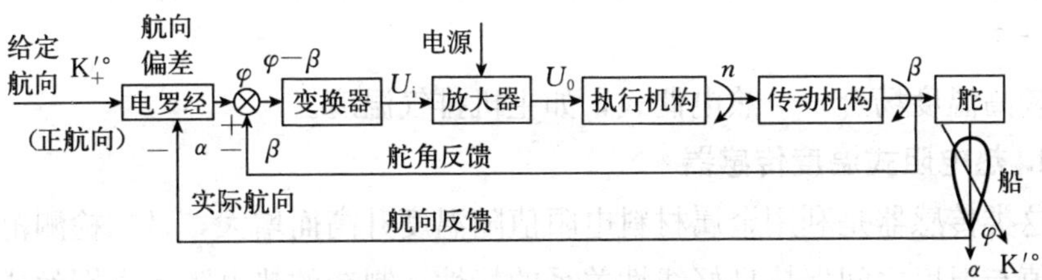

图 4-5　自动操舵

第五章　渔船机舱监测与报警系统

第一节　机舱中常用传感器

一、温度传感器

较低温度场合——用热电阻或热敏电阻式，如冷却水、滑油温度、主轴承温度等。

较高温度场合——热电偶式，如主机排气温度。

1. 热电阻式温度传感器

这类传感器是利用金属材料电阻值随温度升高而增大，且在检测范围内电阻值与温度之间保持良好线性关系的特性。制造的热电阻常由铜丝或铂丝用双线并绕在绝缘骨架上，再插入护套内组成。热电阻式温度传感器由热电阻和测温电桥组成，其测温原理线路与热电阻实物外观如图 5-1 所示。

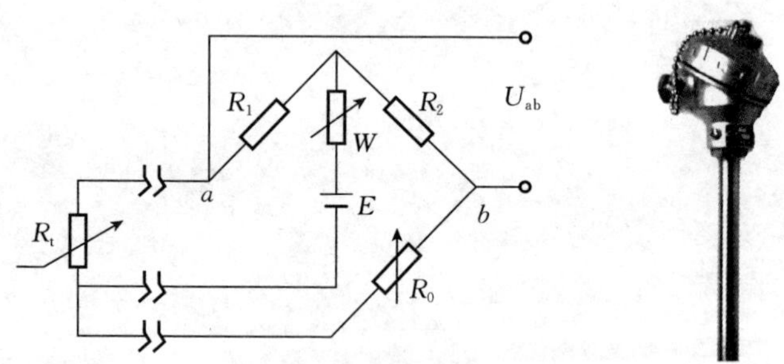

图 5-1　热电阻的三线制测温原理与热电阻实物

R_0 是调零电位器。当测量温度为 0 ℃时，调整 R_0 使桥路输出 $U_{ab}=0$。

铜热电阻的测温范围 $-50\sim+150$ ℃，铂热电阻的测温范围 $-200\sim+650$ ℃。适合于测量主机冷却水温度、燃油温度、滑油温度等温度较低的场合。

2. 热电偶式温度传感器

由两种导电率不同的金属导体或半导体材料焊接而成，并插于护套内。

焊接端（热端）插入测温点，与导线连接端（冷端）置于室温中，当冷热两温度不同时，热电偶回路产生的热电动势 e 的大小与两端温差成正比。若冷端温度保持不变，则 e 与热端（测量温度）温度成正比。

冷端补偿电桥：当环境温度变化时，冷端温度会变化，影响测量精度，用冷端补偿电桥解决。热电偶实物及冷端温度补偿电路如图 5-2 所示。

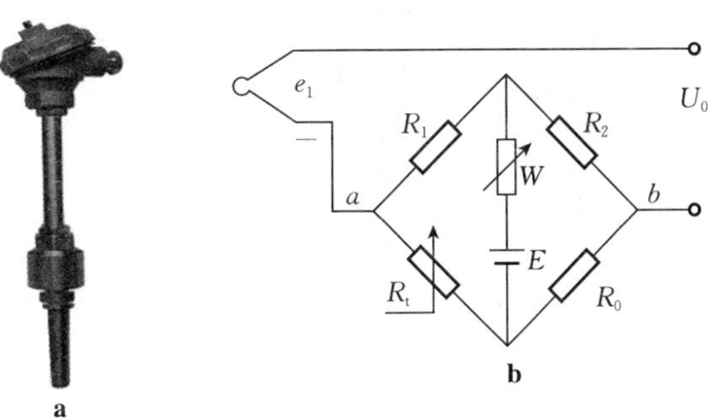

图 5-2　热电偶实物与冷端温度补偿电路

a. 实物　b. 冷端温度补偿电路

图中 R_t 是铜丝绕制的补偿电阻，其电阻值随温度升高而增大。温度补偿电桥的输出为 U_{ab} 与热电偶输出的热电势 et 串联。这时，热电偶传感器输出电压 $U_0=e+U_{ab}$。假定热端温度不变而冷端室温升高，这时热电势要减小，而桥路中 R_0、R 和 Rz 电阻值基本不变，R_t 要增大，致使 a 点电位升高，故 U_{ab} 升高，故可维持 U_0 基本不变。

常用的热电偶有铂铑——铂热电偶（测温范围 0～1 600 ℃），镍铬——镍热电偶（测温范围 0～1 300 ℃）。后者多用于机舱排烟温度测量。

二、压力传感器

1. 电阻式压力传感器

电阻式压力传感器是由弹簧管、传动机构、电位器及测量电桥组成。原理电路如图 5-3 所示。

压力信号经弹簧管变化位移信号，再经传动放大机构转成电阻信号，经测量电桥变成电压信号，多用于静态压力的测量。

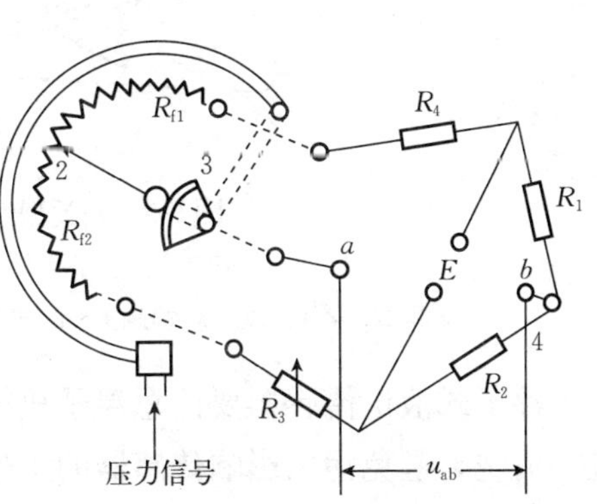

图 5-3　电阻式压力传感器原理电路

2. 金属应变片式压力传感器

铜镍或镍铬合金绕成栅状，粘贴在上、下两层绝缘基片间制成。使用时，将应变片牢固粘贴于受压容器上。测量原理电路及实物如图 5-4 所示。

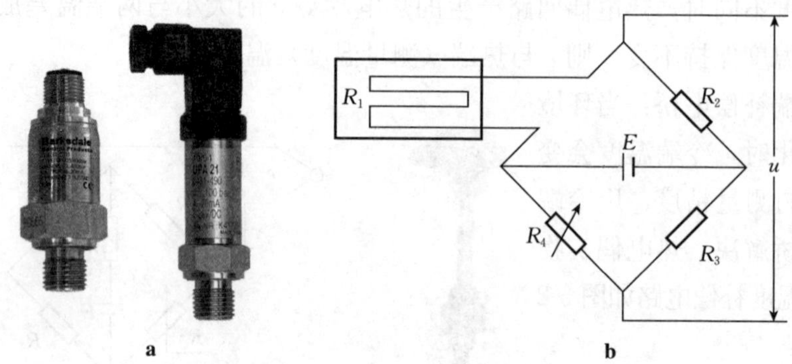

图 5-4　应变片式压力传感器测量原理实物及电路

a. 实物　b. 电路

当测量压力为零时，调整 R_4，使输出电压 $u=0$。当测量压力↑→应变片弯曲变形→栅形金属丝被拉长→R_1↑→u↑。输出与测量压力成正比的电压信号。应变片式压力传感器可用于测量静态压力和动态压力，比如监测柴油机爆压。

三、液位传感器

1. 浮子式液位传感器

开关型浮子式液位传感器常用于水箱、水柜等多种液位控制场合，主要包括浮子、磁铁、支架、输出信号开关触点（图 5-5）。

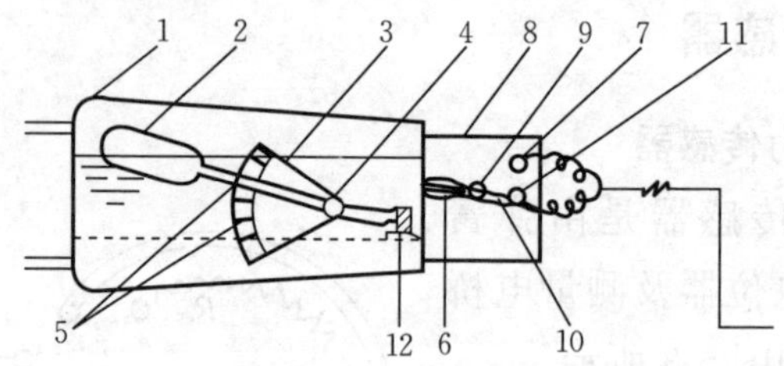

图 5-5　开关型浮子式液位传感器

1. 浮子室　2. 浮子　3. 调节板　4. 枢轴　5. 销钉
6 和 12. 永久磁铁　7. 静触头　8. 开关箱　9. 转轴　10. 转杆　11. 动触头

浮子式液位传感器要注意浮子机构的机械环节的灵活性，经常对浮子室进行清洗，避免污垢影响传感器的工作性能。

2. 电极式液位传感器

电极式液位传感器是利用水的导电性来工作的（图 5-6）。

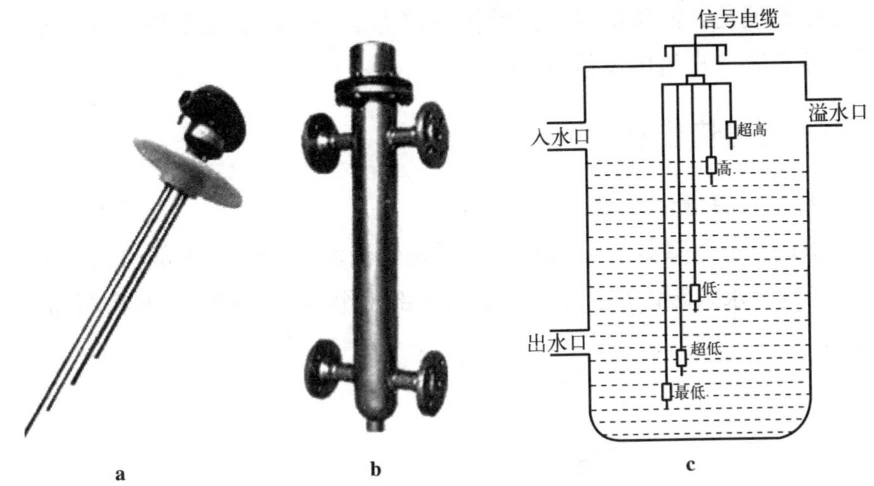

图 5-6　电极式液位传感器

a. 原图 1　b. 原图 2　c. 结构

电极式液位传感器容易在电极与电极室壳体结水垢，使导电性变差，监测失误，因此要定期清洗检查。

3. 变浮力式液位传感器

变浮力液位传感器结构原理示意图与安装示意图如图 5-7 所示。它由浮筒、弹簧和差动变压器组成。

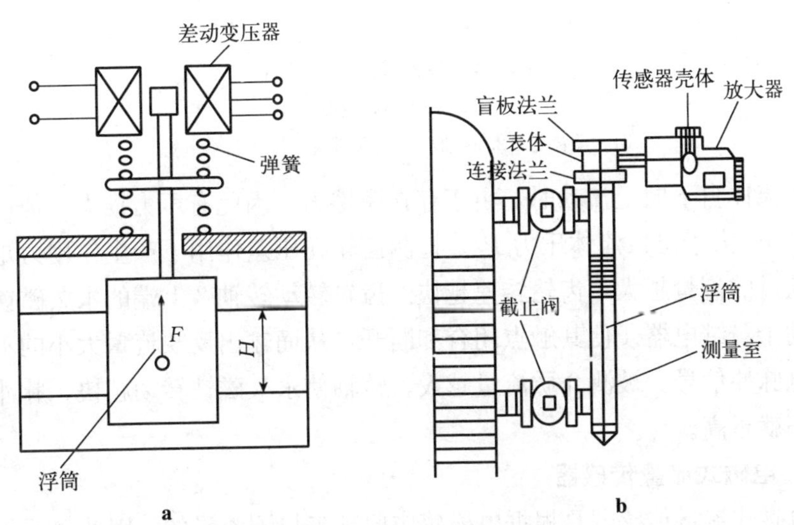

图 5-7　变浮力液位传感器结构原理与实物安装示例

a. 结构原理　b. 安装示例

工作原理是：液位信号—经浮筒→浮力信号—经差动变压器→交流电压信号—经整流→直流电压信号。

四、流量传感器

1. 容积式流量传感器

容积式流量传感器主要用来检测船舶燃油流量和冷却水的流量。由检测齿轮、转轴、永久磁铁和干簧管继电器等部件组成。原理图与实物图如图 5-8 所示。

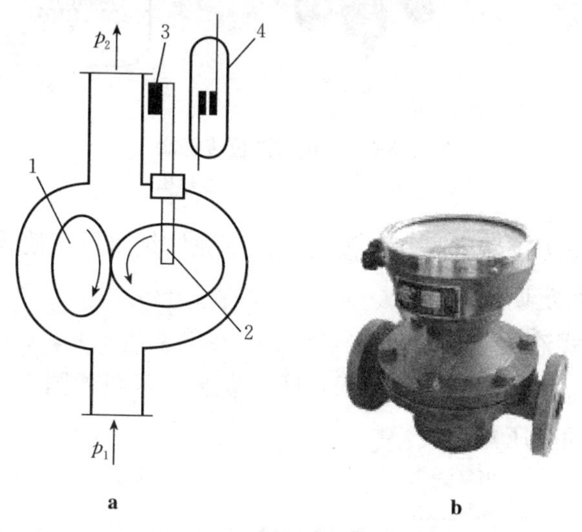

图 5-8　容积式流量传感器

a. 原理　b. 实物

1. 检测齿轮　2. 转轴　3. 永久磁铁　4. 干簧继电器

当流体自下向上流动时，由于存在摩擦力，因此有压力损失，使进口流体压力 P_1 大于出口流体压力 P_2。检测齿轮在压差作用下产生作用力矩而转动。通过的流量越大，齿轮转速越快。齿轮转动转轴 2 上端的永久磁铁 3 磁力驱动干簧继电器 4 使其触点闭合和断开，从而输出反映流量大小的不同频率的电脉冲信号。被测介质流量越大，转轴使永久磁铁转动越快，脉冲信号的频率就越高。

2. 电磁式流量传感器

电磁式流量传感器是根据电磁感应原理来检测流量的，因此只适用于测量导电液体的流量。它主要由一对磁极、一对电极和检测放大电路组成。其工作原理图与实物如图 5-9 所示。

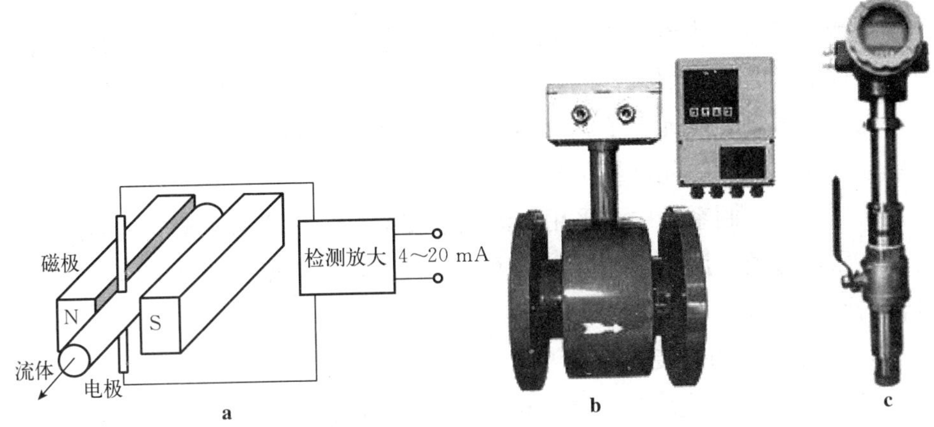

图 5-9　电磁式流量传感器

a. 原理　b 和 c. 实物

一对磁极置于管道两侧，用于产生磁场。导电流体在磁场中垂直于磁通方向流动并切割磁力线，于是在两个电极上产生感应电势，感应电势经放大后输出为 4～20 mA 标准信号，其大小与液体的体积流量成正比例。

五、转速传感器

1. 测速发电机

用于较低转速测量（如主机转速）。

测速发电机分直流（图 5-10a）和交流（图 5-10b）两种。

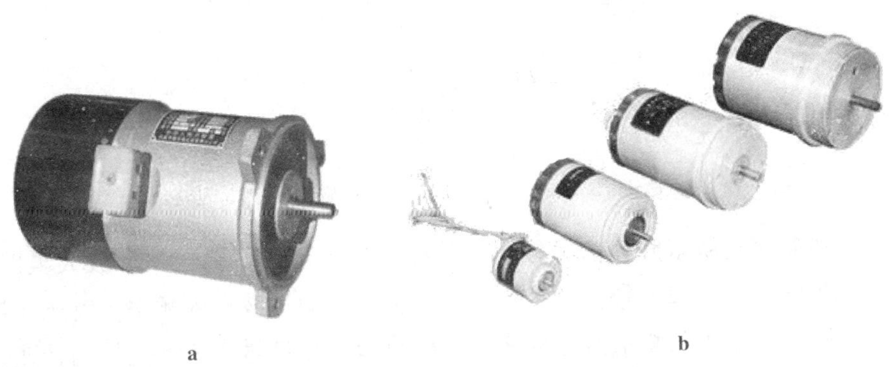

图 5-10　测速发电机

a. 直流测速发电机　b. 交流测速发电机

直流测速发电机利用电磁感应原理使其输出的直流电压 U 与主机转速 n

成比例，U 的大小和极性反映主机转速的大小和转向。

当测速信号作为电子调速器的转速反馈信号或作为转速逻辑鉴别信号时，测速信号必须是恒极性的，故必须经过整流把倒车时的负电压信号转换成正电压信号，经保证电子调速器在正车或倒车时都是负反馈。特点：电路简单，但存在电刷等元件易引起故障。

新型船舶控制系统中多采用交流测速发电机。交流测速发电机输出的是交流电压，必须采用相敏整流判断主机的转向，使整流后的测速信号会随主机转向而改变极性。

2. 磁脉冲式测速装置

属非接触式传感元件，没有相对摩擦的运动部件，使用寿命长，精度高。在主机的主轴上安装一个铁磁材料制成的测速齿轮，磁脉冲探头对准齿轮的齿顶固定，并与齿顶间保持一较小的间隙。当主机带动齿轮转动，齿顶对准探头时，间隙小，磁阻小，探头线圈的磁通量较强；而当齿槽对准探头时，间隙增大，磁阻增大，探头线圈中的磁通量较弱。故齿轮转动时，齿顶与齿槽相继对准磁探头，使其线圈感应出一系列的脉动电势。磁探头原理示意图与实物图如图 5-11 所示。

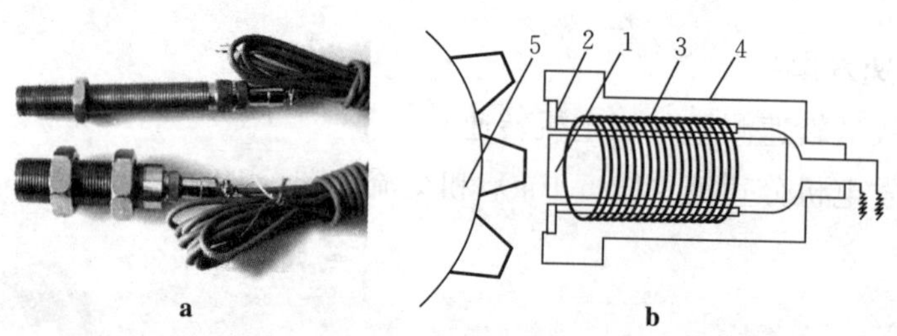

图 5-11　磁探头

a. 实物　b. 原理

1. 永久磁铁　2. 软磁芯　3. 线圈　4. 非导磁性外壳　5. 齿轮

一般磁探头所得脉冲信号较弱，其波形也不理想，要送整形放大电路，使其成为同频率的幅值较大的矩形波，再将这一矩形波送入频率－电压变换电路，将它变换成与矩形波频率成正比的直流电压信号来表示主机的转速。

主机转向的检测采用两个错位 1/4 齿距的磁脉冲探头，使两探头的磁脉冲信号 f_1 和 f_2 在相位上相差 90°（1/4 周期），然后根据主机正反转时，两脉冲信号间相位超前或滞后由 D 触发器来判断，给出相应的主机正反转信

号。图 5-12 所示为磁脉冲式测速装置检测主机转向原理图。

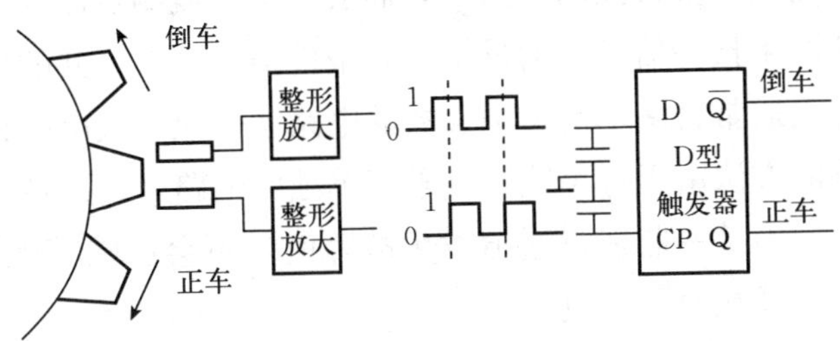

图 5-12　磁脉冲式测速装置检测主机转向原理

第二节　机舱监测与报警系统基础知识

一、机舱监测与报警系统参数类型

机舱监测的参数可分两类：一类是开关量，另一类是模拟量。

开关量通常是指只有开关的断开和闭合两个状态的量，而开关的形式可以是机械开关或继电器触点。开关量可以反映设备的运行状态，如设备是运行状态还是停止状态、设备是正常工作还是出现故障、主机凸轮轴位置及阀门位置等。监视报警系统能对这些开关量进行显示，需要报警的则发出声光报警。

模拟量是指连续变化的量，如温度、压力、液位和转速等参数均为模拟量。监视报警系统对这些模拟量进行实时显示，如果参数超过预定的范围，则应发出越限报警。越限报警分为两种情况，有些参数超过某一上限值时发出的报警称为上限报警；另有一些参数低于某一下限值时发出的报警称为下限报警。通常，温度参数的报警为上限报警，压力参数的报警为下限报警，而液位参数的报警则既有上限报警也有下限报警。

机舱中还有些设备，其运行参数虽为模拟量，但并不是把这些模拟量直接送入监视报警系统，而是通过压力继电器、温度继电器或液位开关等转换成开关量信号再送至监视报警系统。对于这类参数，监测报警系统将以开关量的形式进行处理。

二、机舱监测与报警系统监测方式

1. 连续监测

连续监测是指机舱中所有监测点的参数并行地送入监测报警系统，同时对所有监测点的状态及参数进行连续监测。系统中的核心单元是报警控制单元，它由各种测量和报警控制电路组合而成。每个监测点需要一个独立的电路进行测量和产生报警信号，测量结果和报警信息送至公共的显示和报警电路，但在设计上通常将多个同类型参数的电路制作成一块电路板。

连续监测的方法由于每个监测点采用单独的电路，因此各监视点之间的相互影响较小，当某一监视点通道发生故障时，不会影响其他通道的工作，监视点的数量增减在原则上也不受限制。

2. 扫描监测

扫描监测也称为巡回监测，这种方法是以一定的时间间隔依次对各个监测点的参数和状态进行扫描，将监测点信息逐一送入监测报警系统进行分时处理。因此无论监视点有多少，仅需要一个测量和报警控制单元。

巡回监测方法可通过常规集成电路和微型计算机来实现，但由于微机具有采样速度快、检测精度高、体积小、数据处理功能强大、显示手段先进等优点，因此大多数船舶均采用基于微机技术的监测报警系统。

三、监测报警系统的组成与功能

完善的监测与报警系统应由三大部分组成：一是分布在机舱各监视点的传感器；二是安装在集控室内的控制柜和监视仪表或监视屏；三是安装在驾驶台、公共场所、轮机长室等的延伸报警箱。

不同的监测报警系统原则上都应该具有以下几个方面的功能：

（1）声光报警　声光报警是监测报警系统最基本的功能，只要监测点的状态参数异常或出现参数越限，系统就应该发出声光报警，以便问题得到及时处理。

（2）参数显示与状态显示　参数显示是指通过模拟仪表、数字仪表或者计算机屏幕对所有监测点的运行参数进行显示，即模拟量显示。

状态显示指的是反映设备运行状态的开关量显示，通常采用绿色指示灯（灯泡或发光二极管）表示系统或设备的正常运行，红色灯指示灯表示报警状态。

（3）打印记录　打印记录一般有参数打印和报警打印两种。参数打印又分为定时制表打印和召唤打印。定时制表打印是打印机以设定的时间间隔自动将机舱内需要记录的全部参数打印制表，轮机人员只要将打印纸整理成册，即可作为轮机日志。召唤打印是根据需要，随时打印当时的工况参数，可对监测点参数进行全点或选点打印。报警打印是由系统自动进行的，只要有报警发生，系统就会把报警名称、报警内容和报警时间进行自动打印输出。而在报警解除时，则自动打印报警解除时间。

(4) **报警延时** 在报警装置中，为避免发生误报警，一般均设有延时报警环节。根据不同的参数，其延时时间有长延时和短延时之分。例如，在监视液位时，由于船舶的摇摆，容易反复造成虚假越限现象，导致频繁报警，这些情况可采用 2～30 s 的长延时，在延时时间之内越限不报警。又如船舶在激烈振动时，某些压力系统的压力波动容易使报警开关发生抖动。为避免误报警，可采用延时 0.5 s 的短延时。

(5) **报警闭锁** 报警闭锁就是根据动力设备不同的工作状态，封锁一些不必要的监视点报警。例如，当主机处于停车状态，主机的冷却系统、燃油系统、滑油系统等均停止工作，与这些系统相关的参数都会出现异常。因此，有必要对与这些系统有关的监视点进行报警闭锁。

(6) **延伸报警** 延伸报警功能是将机舱故障报警信号分组后传送到驾驶台、公共场所、轮机长室等的延伸报警箱。

(7) **失职报警** 在监测与报警系统在发出故障报警的同时，还会触发 3 min计时程序。若值班轮机员未能在 3 min 内完成确认操作，将被认为是一种失职行为，报警系统就使所有延伸报警箱发出声光报警信号。报警系统发出失职报警后，只能在集控室进行消声，复位 3 min 计时器后才能撤销失职报警。

(8) **值班呼叫** 针对无人机舱船舶，值班呼叫功能主要用于轮机员交接班时进行信号联络。例如，值班管轮之间进行交接班时，交班管轮只要在集控室把“值班选择”指向接班管轮位置即可。

(9) **测试功能** 在集控室的操纵台上，一般都设有试灯按钮和功能测试按钮。按试灯按钮，所有指示灯都要亮，不亮的指示灯需要换新。按功能测试按钮，所有监视点均进入报警状态，否则，未报警的监测点表示相应监测通道有故障。测试功能可协助进行故障部位查找。

(10) **自检功能** 为了确保监测报警系统本身的工作可靠性，对一些重要环节，如传感器、输入通道、电源电压和保险丝等进行自动检测的功能。出现异常时，系统将自动发出相应的系统故障报警。

(11) **备用电源的自动投入** 在主电源失压或欠压时，系统能自动启用备用电源，实现不间断供电。

第三节　单元组合式监测与报警系统

一、概念、特点

采用连续监测式的集中监测与报警系统中，整个监测与报警系统是由各个独立的监测和报警控制单元组合而成的，这就称为单元组合式监测与报警系统。

在单元组合式监测与报警系统中，将同时且连续地监测机舱中所有监测点。由传感器所检测的每个监测点的状态和参数值是相对独立地送到集控室，集中监视与报警系统将单独处理每个监测点的工作状态。这样，一个监测点或几个类型相同的监测点都要制成一块满足集中监测和报警控制功能要求的印刷电路板。因此，在监测与报警控制柜中，这样的印刷电路板有很多块。该印刷电路板可提供显示监测点参数值的信号，当监测点运行设备发生故障或运行参数越限时，能提供故障报警和打印信号。同时，报警信号还能延伸送至驾驶台、公共场所，轮机长室等。因此，轮机管理人员不但要管理好所有传感器，还要使用好众多的印刷电路板即报警控制单元。

报警控制单元有开关量报控制单元和模拟量报警控制单元。这两种控制单元的工作原理基本相同，只是越限报警值的调整方法不同。对于开关量报警控制单元，它输入的信号是开关状态，一般由温度开关、压力开关、液位开关等传感器来检测，调整越限报警值往往是在传感器上，通过调整其幅差来实现。对模拟量报警控制单元，其输入量是运行参数的模拟量，其越限报警值是通过调整印刷电路板上的电位器来进行的。

二、报警控制单元的故障报警原理

1. 开关量报警控制单元

开关量报警控制单元是由输入回路、延时环节和逻辑判断环节组成的。其中，输入回路用于接收开关量传感器送来的输入信息（即触点是闭合还是断开），并且在输入异常时发出报警信号；同时还可接收“试验”信号，当输入试验信号时同样输出报警信号，以模拟监视点的设备故障。延时环节用于对报警信号产生适当的延时，实现延时报警功能，以避免误报警。逻辑判断环节用来完成逻辑运算、状态记忆和报警控制。

在监视点参数处于正常范围时，开关量传感器的触点闭合，输入回路不

输出报警信号。因此，报警指示灯处于熄灭状态，也不启动声响报警、分组报警和故障打印。当监视点的运行设备发生故障或其相关参数越限时，传感器触点断开，输入回路送出报警信号，经延时环节和逻辑判断环节后发出报警。

开关量报警设定值是由开关量传感器来实现的。例如，采用压力继电器作为压力传感器时，其上限报警设定值为继电器的下限设定压力与幅差之和，而下限报警的设定值就是其下限设定压力。

2. 摸拟量报警控制单元

模拟量报警控制单元主要是由测量回路、比较环节、延时环节和逻辑判断环节组成的。测量回路用于把传感器送来的模拟量信息转换成相应的电压信号，以作为监测点参数的测量值，并在模拟量传感器发生短路或开路时，向自检单元发出传感器故障信号；比较环节用于故障报警鉴别，它将测量值与电位器整定的报警设定值进行比较，若参数越限则输出报警信号至延时环节，在功能试验时，比较环节接收到“试验”信号，若能输出被监视点参数越限的报警信号，则说明控制单元工作正常；延时环节和逻辑判断环节的作用与开关量报警控制单元中的环节完全相同。延时环节不是所有的模拟量报警控制单元都设置，而只适用于需要延时报警的监测通道中。

第四节　火灾自动报警系统

一、基本功能及工作原理

按火灾探测器的分布形式，可将船舶火灾自动报警系统分为分路式和环路式两种。渔业船舶以分路式火灾自动报警系统为多。

分路式火灾自动报警系统主要由火灾报警中央装置和火灾探测器两部分组成，如图 5-13 所示。

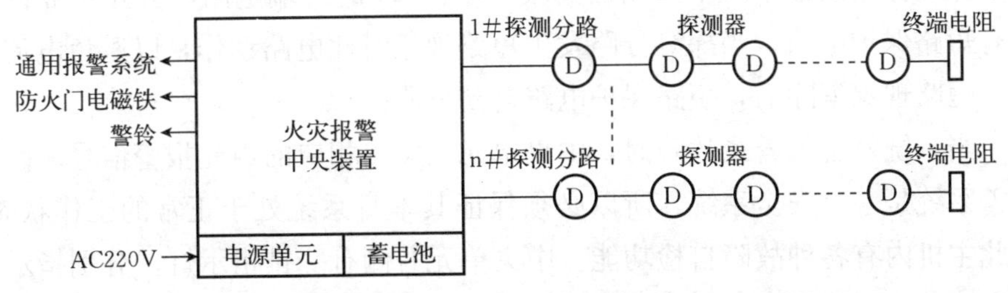

图 5-13　舱室火灾自动报警系统

1. 基本功能

探测器监测周围环境的情况，并将信号传输给中央装置。中央装置接收到探测器传来的火警信号后，发出声、光报警信号，并指示出火源部位，启动外部报警控制设备。另外，中央装置还能对系统进行故障监测。当系统发生故障时发出故障声、光信号，指示出故障类型，其故障声光信号与火警声光信号有明显的区别。火警与故障信号具有记忆功能，只有在火警和故障已消除并经人工复位后方能恢复正常。另外还具备手动模拟测试功能，检测设备是否正常。每个探测分路均可切断，切断后有相应的灯光指示。主、副电源可以自动转换，保持不间断对系统供电。

2. 工作原理

分路式火灾自动报警系统的主机面板如图 5-14 所示。其主机为模块式结构，可根据系统的不同需要选用相应模块，以组成大小、功能各异的系统。基本模块有中央单元、分路单元、报警控制单元和电源单元。每个分路单元有 8 个探测分路，选用 n 块分路单元可组成具有 $8n$ 个探测分路的系统。每个分路有一个开关控制此分路的接通和关断，有红黄两个指示灯分别指示其处于火警或分路断开的状态。每个分路单元上有两个开关用于此单元上 8 个分路火警和故障的模拟试验功能。主机与探测器的连线为二芯线，探测器工作电压为 DC24 V。每个探测分路的最末一个探测器内接一个 10 K 的终端电阻。分路单元内还设有短路保护电路，当探测分路发生短路现象时此电路动作，以避免电流过大。短路现象消除后，短路保护电路自动复原。

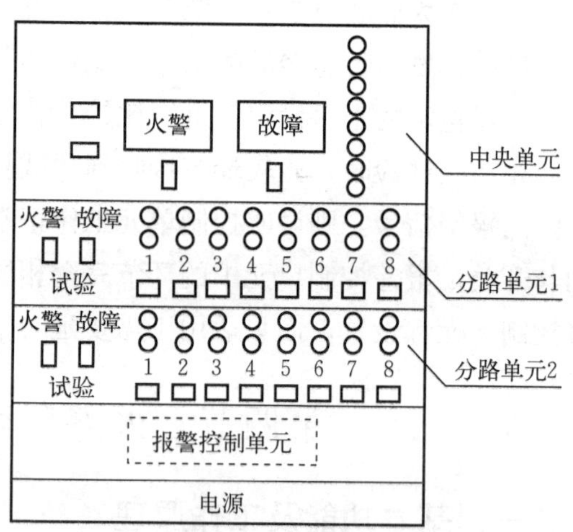

图 5-14　分路式火警系统的主机面板

当系统发生火警或故障时，中央单元上发出相应的声光报警信号。因为火警系统是一个安全系统，所以必须保证其本身系统处于正常的工作状态，为此主机内有各种故障自检功能。中央单元右侧有一排指示灯，分别指示分路开路故障、警铃回路故障、接地故障、电瓶故障、保险丝故障、电网故

障、分路关断和主机门开。分路关断和门开指示灯提醒操作者在正常的工作状态时应将所有分路接通，并关上主机门。

报警、控制单元用以连接外部各种报警、控制设施，如全船通用报警系统、各种报警灯、报警铃和防火门电磁铁等。输出信号种类各异，有源或无源，延时或不延时，连续或断续，常开或常闭，能满足各种不同要求。主机上有“报警关断”“外控关断”“延时关断”开关，用以控制对外报警、控制信号。

二、类型

火灾探测器用于监视的环境中有的火情，将火灾的特征物理量，如烟雾、温度、火光等转换成电信号向火灾报警中央单元发送。分为感烟式火灾探测器、感温式火灾探测器和感光式火灾探测器等类型，而船上主要采用感烟式和感温式火灾探测器。

1. 感烟式火灾探测器

船上常用的感烟式火灾探测器主要有感烟管式（或称光电式）。

感烟管式火灾探测器如图5-15所示。它是利用烟雾浓度不同其透光程度不同的原理来探测的。抽风机2把舱内的气体通过集烟管1排出，光源3经透镜变成平行光分别照射在测量光电池4和基准光电池5上。当气体中的烟雾浓度增大时，使测量光电池4产生的电信号减小，而基准光电池5产生的电信号不变。把这两个电压信号送至检测电路6，当两个电压差达到设定值时，发出火灾探测信号。

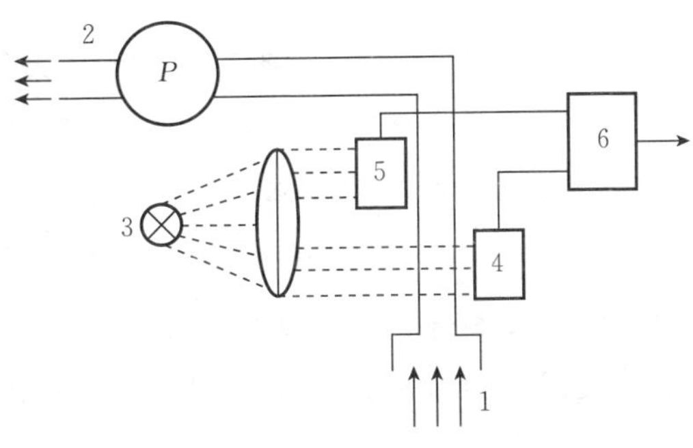

图5-15　感烟管式火灾探测器原理

2. 感温式火灾探测器

船上常用的感温式火灾探测器有定温式火灾探测器、差温式火灾探测器和差定温式火灾探测器三种。感温式火灾探测器主要用于住室、走廊、控制室和舱室容积较小场所的火灾探测。

(1) 定温式火灾探测器　定温式（或称恒温式）火灾探测器是根据监视点温度达到某个设定值来探测的。常用的定温式火灾探测器有低熔点金属丝和双金属片，如图 5-16a 和图 5-16b 所示。

当监视点温度达到设定值时，低熔点金属丝被熔断；或利用膨胀系数不同的双金属片，受热弯曲使触头断开。它们可使一个继电器断电，其常闭触头闭合发出火灾探测信号。

(2) 差温式火灾探测器　差温式（或称温升式）火灾探测器是根据监视点温度升高变化率来探测的（如图 5-16c 所示）。在火灾前期温度上升较快，如温度升高变化率每分钟超过 5.5 ℃时，使得气室内的气体快速膨胀。由于小孔放气量很小，气体来不及从小孔泄放，其压力升高，波纹膜片下弯使动触头与静触点闭合发出火灾探测信号。

差温式式火灾探测器也可以是采用热敏电阻及电子电路制成的。

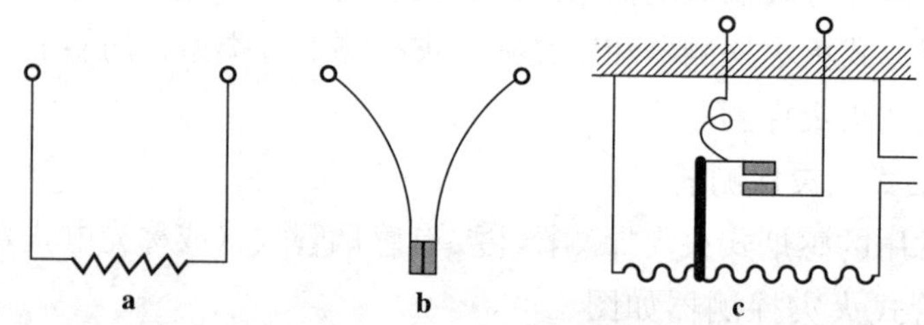

图 5-16　感温式火灾探测器

a. 低熔点金属丝　b. 双金属片　c. 差温式

(3) 差定温式火灾探测器　差定温式火灾探测器是将定温式和差温式组合在一起，兼有两者的功能，扩大了使用范围，提高了可靠性。差定温式火灾探测器一般多是膜盒式或热敏电阻式等典型结构的组合式火灾探测器。差定温式火灾探测器按其工作原理又可分为机械式和电子式两种。

三、故障分析

在火灾自动报警系统的实际运行过程中，中央单元本身很少出现故障，出现故障最多的是火灾探测器及外围接线。火灾探测器故障主要有漏报或误报两种情况。漏报指的是火灾已发展到应当报警的规模但却没有报警；误报指的是没有发生火灾却发出了报警信号。

1. 漏报原因分析

感温式火灾探测器、感烟式火灾探测器都是接触式探测器，只有当足够浓度或足够热的烟雾到达探测器所在位置时才能被探测到并作出反应。假定探测器本身及线路没有故障，出现漏报往往是探测器没有探测到足够多的烟

雾。造成探测器误报的原因在结构方面主要与探测器的灵敏度有关，探测器的灵敏度过低会造成报警延迟，但太高了又容易发生误报，应当选择合适的报警范围。通用的探测器大都将灵敏度设为若干级，如定温探测器的一级灵敏度的动作温度为 62 ℃，二级灵敏度的动作温度为 70 ℃，三级灵敏度的动作温度为 78 ℃。感烟式探测器的一级灵敏度表示单位长度的烟雾减光率达到 10%报警，二级灵敏度表示该减光率达到 20%报警，三级灵敏度表示该减光率达到 30%报警等。

2. 误报原因分析

(1) 吸烟　大量事实证明，尤其是当房间顶棚较低，而探测器的灵敏度较高时更容易发生。三个人同时吸烟足以使探测器发出火警信号。

(2) 电气焊　使用电气焊作业时产生的大量烟雾，很容易使火灾探测器发出火警信号。

(3) 水蒸气　当室内的湿度较大时，水蒸气可进入探测器内，干扰探测器的工作。如厨房水蒸气。

(4) 小昆虫和小蜘蛛网　通常设置一些进烟孔，并在孔口加上丝网，目前常用的丝网孔径为 1.25 mm，小昆虫和小蜘蛛难免进入。

(5) 炊事　做饭时常产生大量的烟雾、油蒸汽，对探测器的影响很严重。

(6) 缺乏清洁　探测器的使用时间长了，其内部总会积聚污染物，这就难免经常发生误报。

(7) 探测器本身的故障　如场效应管输入阻抗降低，镅 241 片剂量较低，可控硅击穿等。

第六章　程序控制器的基本知识

第一节　可编程控制器产生、定义

20 世纪 20 年代起，人们把各种继电器、定时器、接触器及其触点按一定的逻辑关系连接起来组成控制系统，控制各种机械设备，这是传统的继电器控制系统。它能完成逻辑“与”“或”“非”等运算功能，实现弱电对强电的控制；且由于它结构简单、容易掌握，在一定范围内能满足控制要求，因而使用面很广，在工业控制领域中一直占有主导地位。

随着工业的发展，设备和生产过程越来越复杂。复杂的系统可能使用成百上千个各式各样的继电器，并用成千上万根导线以复杂的方式连接起来，执行相应的复杂的控制任务。作为单台装置，继电器本身是比较可靠的。但是，对于复杂的控制系统，继电器控制系统存在几个明显的缺点：可靠性差，排除故障困难；灵活性差，总成本较高；适应性差，接线复杂；体积大，不易维修。

1968 年由美国通用汽车公司（GE）提出，1969 年美国数字设备公司（DEC）研制成功，有逻辑运算、定时、计算功能的为 PLC（programmable logic controller）。20 世纪 80 年代，由于计算机技术的发展，PLC 采用通用微处理器为核心，功能扩展到各种算术运算，PLC 运算过程控制并可与上位机通信、实现远程控制。被称为 PC（programmable controller）即可编程控制器。

国际电工委员会（IEC）1987 年颁布的可编程逻辑控制器的定义如下：“可编程逻辑控制器是专为在工业环境下应用而设计的一种数字运算操作的电子装置，是带有存储器、可以编制程序的控制器。它能够存储和执行命令，进行逻辑运算、顺序控制、定时、计数和算术运算等操作，并通过数字式和模拟式的输入输出，控制各种类型的机械或生产过程。可编程控制器及其有关的外围设备，都应按易于工业控制系统形成一个整体、易于扩展其功能的原则设计。”

第二节　可编程控制器构成原理

一、可编程控制器硬件系统

如图 6-1 所示，可编程控制器硬件系统由输入部分、运算控制部分和输出部分组成。

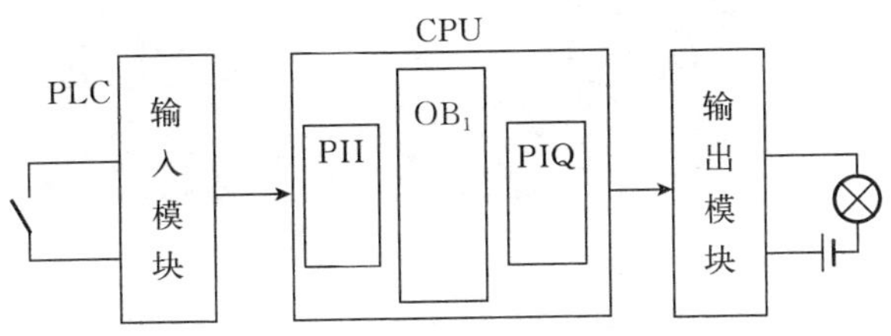

图 6-1　可编程控制器硬件系统组成

(1) 输入部分　将被控对象各种开关信息和操作台上的操作命令转换成可编程控制器的标准输入信号，然后送到 PLC 的输入端点。

(2) 运算控制部分（CPU）　由可编程控制器内部 CPU 按照用户程序的设定，完成对输入信息的处理，并可以实现算术、逻辑运算等操作功能。

(3) 输出部分　由 PLC 输出接口及外围现场设备构成。CPU 的运算结果通过 PLC 的输出电路，提供给被控制装置。

二、可编程控制器主机的硬件电路

如图 6-2 所示，可编程控制器硬件电路由 CPU、存储器、基本 I/O 接口电路、外设接口、电源等五大部分组成。

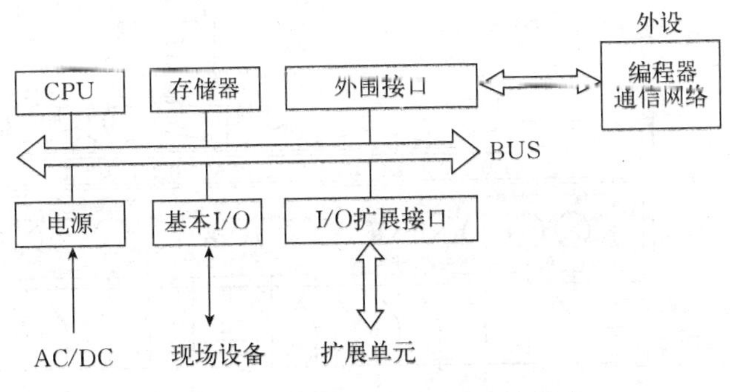

图 6-2　可编程控制器硬件电路组成

船舶较为常用的有德国西门子公司（SIMENS）S7-200 系列 PLC，图 6-3 所示为 S7-200 系列 PLC 外形、接线、电路图。

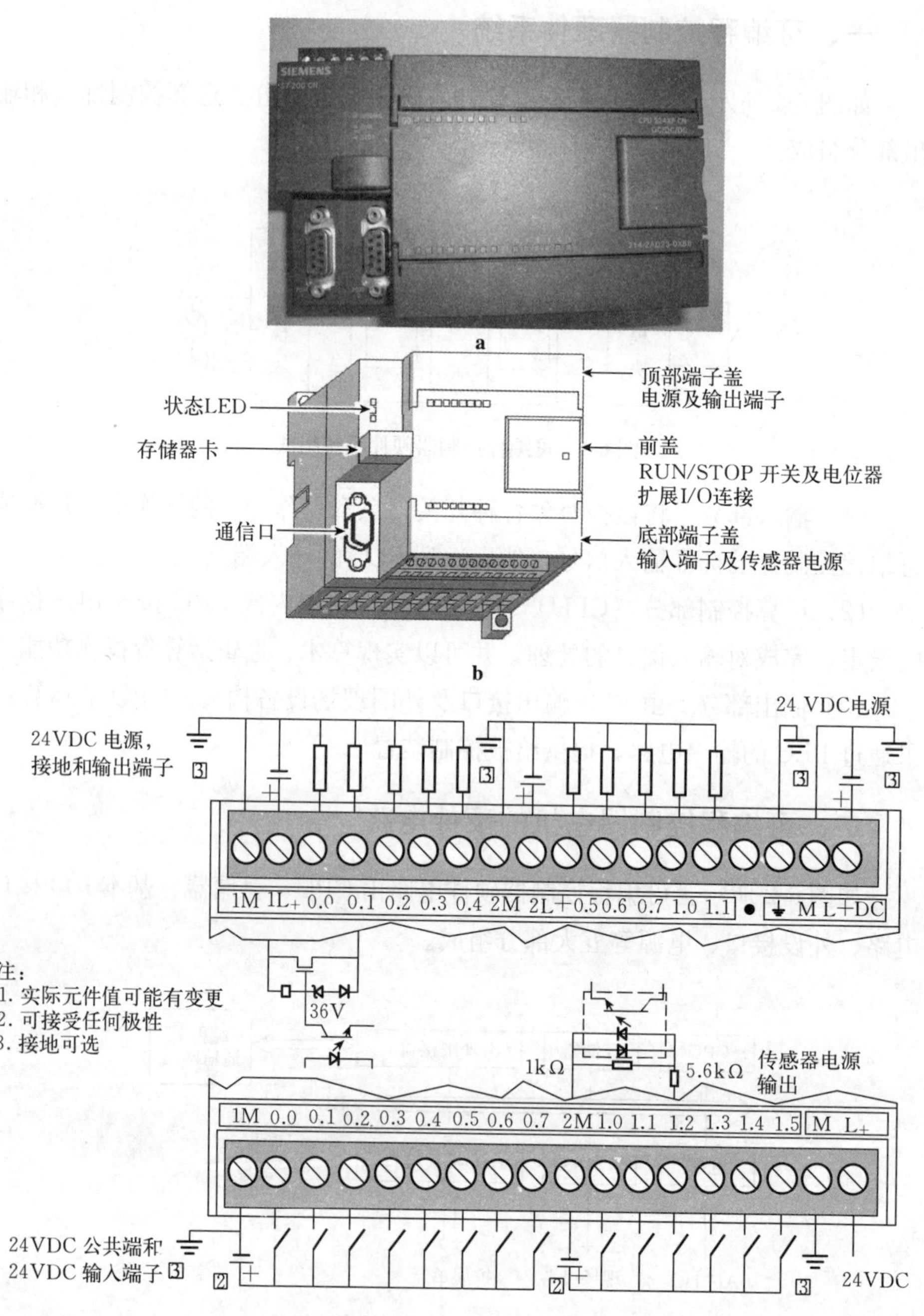

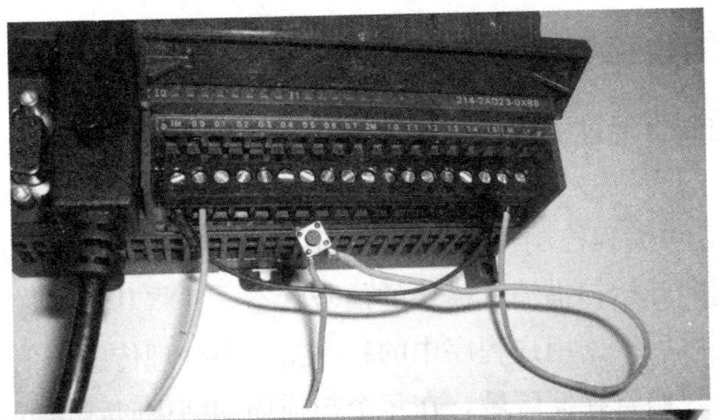

d

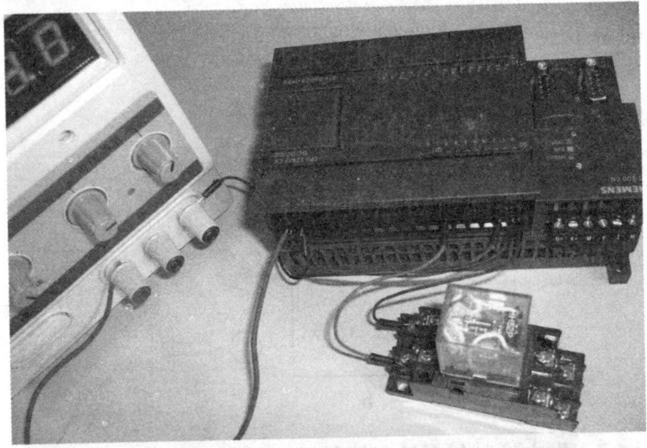

e

f

图 6-3　S7-200 系列 PLC 外形、接线、电路

a. 外形照片　b. 外形说明　c. 接线　d. 输入端

e. 输出控制继电器接线　f. 输出端

三、可编程控制器的工作原理

可编程控制器通过循环扫描输入端口的状态，执行用户程序，实现控制任务。

由图 6-1，可编程控制器（PLC）采用循环顺序扫描方式工作，CPU 在每个扫描周期的开始扫描输入模块的信号状态，并将其状态送入到输入映像寄存器区域；然后根据用户程序中的程序指令来处理传感器信号，并将处理结果送到输出映像寄存器区域，在每个扫描周期结束时，送入输出模块。

第三节　可编程序控制器与继电控制系统的区别

一、可编程控制器与继电控制的区别

以图 6-4 启、保、停电路为例介绍。

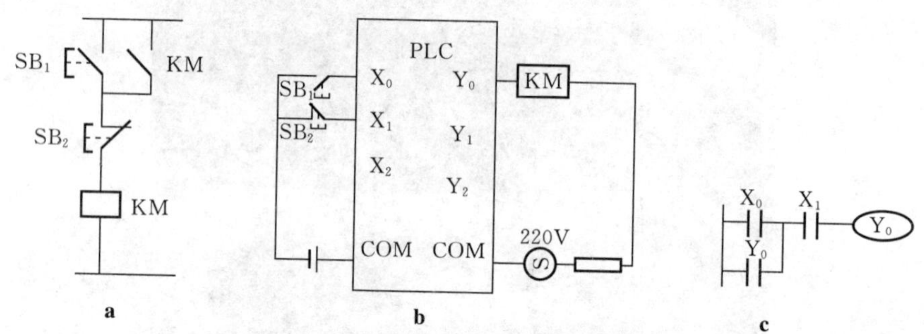

图 6-4　继电控制与可编程控制器控制的启、保、停电路区别

a. 继电器控制线路图　b. PLC 外部接线图　c. 梯形图

1. 从控制系统上比较

见表 6-1。

表 6-1　继电器控制与可编程控制器的区别

比较项目	继电器控制	可编程控制器
控制逻辑	接线逻辑，体积大，接线复杂，修改困难	储存逻辑，体积小，连线少，控制灵活易于扩展
控制速度	通过触点的开闭实现控制作用。动作速度为几十毫秒，易出现触点抖动	由半导体电路实现控制作用，每条指令执行时间在微秒级，不会出现触点抖动

（续）

比较项目	继电器控制	可编程控制器
限时控制	由时间继电器实现，精度差，易受环境、温度影响	用半导体集成电路实现，精度高，时间设置方便，不受环境、温度影响
触点数量	4～8 对，易磨损	任意多个，永不磨损
工作方式	并行工作	串行循环扫描
设计与施工	设计、施工、调试必须顺序进行，周期长，修改困难	在系统设计后，现场施工与程序设计可同时进行，周期短，调试、修改方便
可靠性与可维护性	寿命短，可靠性与可维护性差	寿命长，可靠性高，有自诊断功能，易于维护
价格	使用机械开关、继电器、接触器等，价格便宜	使用大规模集成电路，初期投资较高

2. 从编程语言上比较

① 继电器控制线路图中的继电器都是实际存在的物理继电器，PLC 梯形图中的继电器是“软”继电器。

② 继电器控制线路分析时用到动合动断的概念，PLC 梯形图中仍然保留了这些概念。

③ 继电器的触点个数是有限的，而 PLC 的触点可以无限次地使用。

④ 继电器线路中的母线要接电源，而 PLC 的母线并不接电源。

⑤ 继电器接触器控制线路的触点状态取决于其线圈中有无电流流过，在继电器控制电路中，若不接接触器线圈，只接其触点，则触点永远不会动作。PLC 中输入继电器由外部信号驱动，梯形图中只是用输入继电器的触点，而不出现它的线圈。

二、可编程控制器与继电控制实际应用线路图举例

1. 电机启停控制电路

见图 6-5。

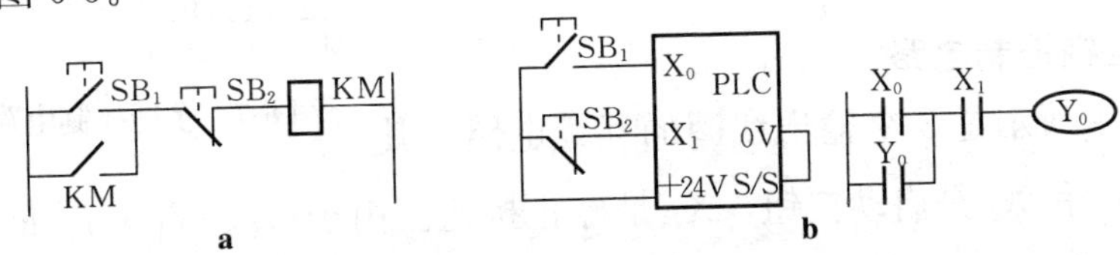

图 6-5　电机启停控制电路

a. 电机启停继电控制电路　b. 电机启停 PLC 控制电路

2. 三相异步电动机正反转控制电路

见图 6-6。

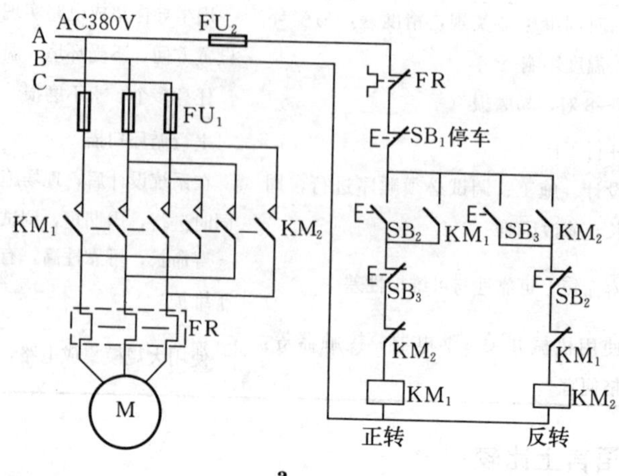

a

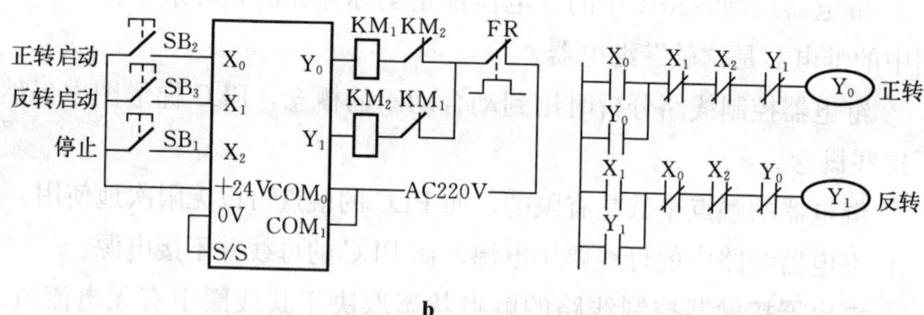

b

图 6-6　三相异步电动机正反转控制电路

a. 三相异步电动机正反转继电控制电路　b. 三相异步电动机正反转 PLC 控制电路

3. 多地控制电路梯形图

图 6-7 所示是两个地方控制一个继电器线圈的程序。其中 X_0 和 X_1 是一个地方的启动和停止控制按钮，X_2 和 X_3 是另一个地方的启动和停止控制按钮。

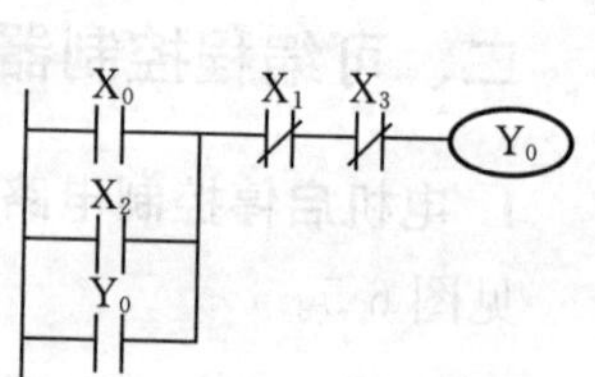

图 6-7　多地控制电路梯形

4. 互锁控制电路

图 6-8 所示是 3 个输出线圈的互锁电路。其中 X_0、X_1 和 X_2 是启动按钮，X_3 是停止按钮。由于 Y_0、Y_1、Y_2 每次只能有一个接通，因此将 Y_0、Y_1、Y_2 的常闭触点分别串联到其他两个线圈的控制电路中。

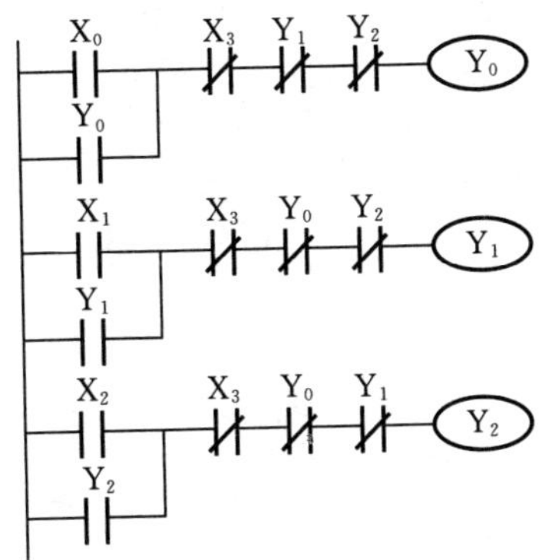

图 6-8　互锁控制电路梯形

第三篇
船舶机电管理

第七章　船舶电气设备管理

第一节　船舶电力系统的组成、基本参数、特点

一、船舶电力系统的组成

船舶电力系统由电源装置、配电装置、电力网、负载、控制电器、电工测量用仪器、仪表等组成。

1. 电源装置

将机械能、化学能等能源转变为电能的装置。船舶电源主要是指发电机和蓄电池。

2. 配电装置

对电源、电力网和负载进行保护、分配、转换、控制和检测的装置。

根据供电范围和对象的不同可分为主配电板、应急配电板、动力分配电板、照明分配电板和蓄电池充放电板等。

3. 电力网

是将全船各种电源与负载按一定关系连接起来的电缆电线的总称。根据其所接负载的性质，可分为动力电网、低压电网、照明电网、应急电网、小应急电网和弱电电网等。

4. 负载

即用电设备，按系统可分为以下几类：

① 动力装置用辅机　滑油泵、海水冷却泵、淡水泵、鼓风机等。

② 甲板机械　锚机、绞缆机、舵机、起网机等。

③ 舱室辅机　生活用水泵、消防泵、舱底泵等。

④ 冷冻通风　制冷装置、伙食冷库等用的辅机和通风机等。

⑤ 厨房设备　电灶、电烤炉等厨房机械用辅机和电茶炉等。

⑥ 照明设备　机舱照明、住舱照明、甲板照明等照明设备，还包括航行灯、信号灯及电风扇等。

⑦ 弱电设备　无线电通信、导航和船内通信设备等。

⑧ 自动化设备及其他　自动化装置、蓄电池充放电设备、艄侧推装置等。

5. 控制电器

主要有各种类型的控制箱、接触器、继电器、各种控制器和主令电器等。

6. 电工测量用仪器、仪表

船舶上常用的电工测量仪表有万用表、兆欧表、钳形电流表、交（直）流电压表、电流表、功率表、功率因数表、频率表、交流并车屏上的整步表；另外，还有平时用于检修的直流稳压电源和自耦变压器、示波器等。

二、船舶电力系统的基本参数

① 电流种类（电制）　目前渔船普遍采用交流电力系统。

② 额定电压等级　渔船上动力负载、具有固定敷设电缆的电热装置等的额定电压为 380 V，照明、生活居室的电热器额定电压为 220 V。

③ 额定频率　我国采用 50 Hz，西欧各国、美国采用 60 Hz 的频率标准。

三、船舶电力系统的特点（与陆电相比）

① 工作条件比较复杂，工作环境比较恶劣。环境温度高、震动大、相对湿度高等，都能造成电气设备的损坏、接触不良或误动作。

② 与用电设备之间的距离很短。因为船舶容积的限制，电气设备比较集中，电网长度不长并都采用电缆，所以对发电机和电网的保护比陆上系统的简单。

③ 船舶电站容量相对较小。由于船舶电站的容量小，当某些大负载容量启动时，对电网将造成很大的冲击，因而对船舶电力系统的稳定性提出了较高的要求。

第二节　船舶电气设备的工作接地、保护接地和接零

一、工作接地

为保证电气设备在正常工作情况下可靠运行所进行的接地称为工作接地，如图 7-1 所示。如电力系统中性点接地的三相四线制系统、电焊机的接地线等，都是通过接地线构成回路而工作的。

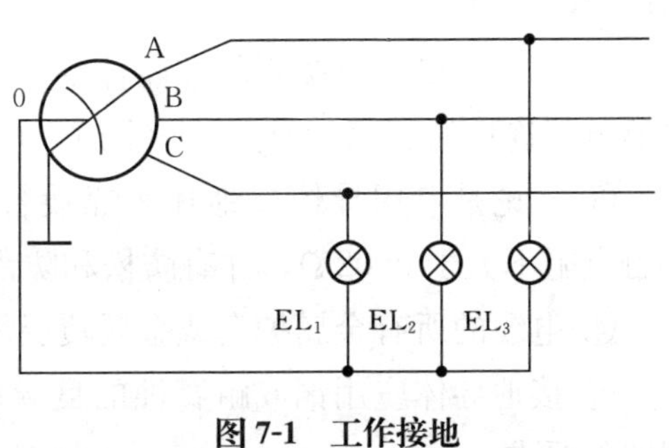

图 7-1　工作接地

对船舶电气设备工作接地的要求：

① 工作接地与保护接地不能共用接地装置。

② 工作接地应接到船体永久结构或船体永久连接的基座或支架上。

③ 接地点位置应选择在便于检修、维护、不易受到机械损伤和油水浸渍的地方，且不应固定在船壳板上。

④ 利用船体做回路的工作接地线的型号和截面积，应与绝缘敷设的那一级（或相）的导线相同，不能使用裸线。

⑤ 平时不载流的工作接地线截面积应为载流导线截面积的一半，但不

应小于 1.5 mm^2，其性能与载流导线相同。

⑥ 工作接地的专用螺钉直径不应小于 6 mm。

二、保护接地

为了防止电气设备因绝缘破坏，使人遭受触电危险而进行的接地称为保护接地，保护接地是将电气设备的金属外壳与船体钢结构件作良好的电气连接。如图 7-2 所示。

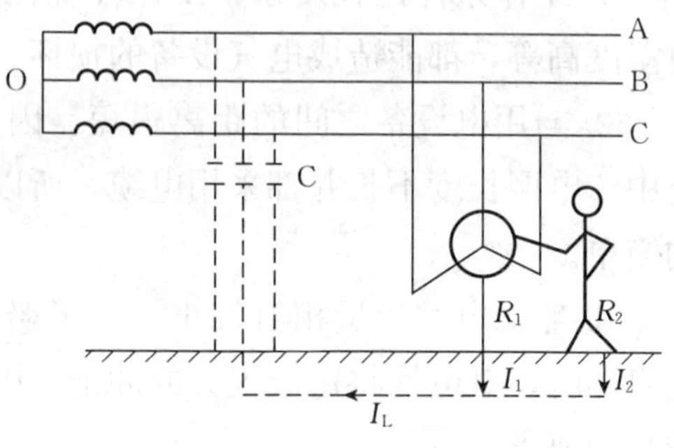

图 7-2　保护接地

交流三相三线绝缘系统和直流双线绝缘系统中，在工作电压高于 50 V 以上的电器金属外壳和电缆金属护套与金属船体作可靠电气连接称保护接地。

对船舶电气设备保护接地的要求：

① 电气设备的金属外壳均需要进行保护接地。但当出现：工作电压不超过 50 V 的设备，具有双重绝缘设备的金属外壳和为防止轴电流的绝缘轴承座时除外。

② 当电气设备直接紧固在船体的金属结构上或紧固在船体金属结构有可靠电气连接的底座（或支架）上时，可不另设置专用导体接地。

③ 无论是专用导体接地还是靠设备底座接地，接触面必须光洁平贴，接触电阻不大于 0.02 Ω，并有防松和防锈措施。

④ 电缆的所有金属护套或金属覆层须作连续的电气连接，并可靠接地。

⑤ 接地导体应用铜或耐腐蚀的良导体制成，接地导体的截面积须符合规定的要求。

三、保护接零

在中点接地的三相四线制中，采用保护接零措施。即在工作电压高于 50 V 的电气设备的金属外壳和电缆金属护套与零线做可靠电气连接（图 7-3）。

原理：当用电设备某相发生碰壳短路时，电流流经零线与电源构成通路，形成短路电流使保护装置（例如熔丝）动作，从而切除故障设备，可避免人体触电及防止事故扩大。在平时维护保养时需注意以下事项：

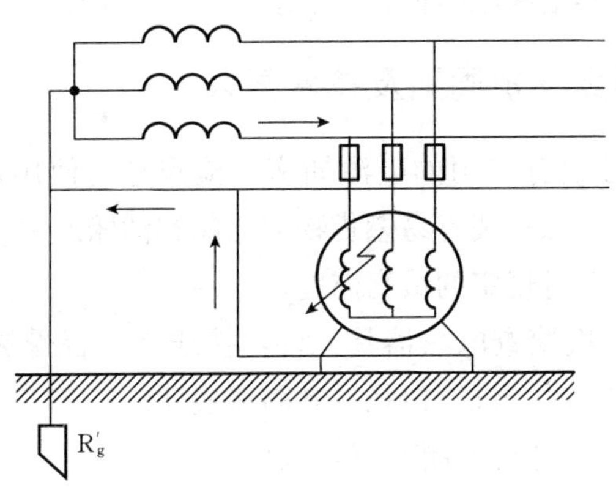

图 7-3　保护接零

① 用船体做中性线的三相四线制系统中，因为船体即为中性线，故设备的接零实际上就是接到船体上，但其保护原理与保护接地是不同的。

② 在三相四线制系统中，不可一部分设备接地，另一部分设备接零。

第三节　各类电气设备正常维护周期及内容

一、照明设备维护周期及技术要求

1. 正常照明

有行灯、信号灯、闪光灯及各种照明灯。

开航前检查航行灯的两路供电及故障报警装置的动作是否正常，各灯具是否完好。

每 2 个月 1 次，检查灯具、导线完整性，测量绝缘电阻，一般应大于 0.5 MΩ。

每 6 个月 1 次，检查灯头接线是否老化，室外灯具水密，锈蚀情况，如有损坏及时更换。

2. 应急照明

每月 1 次进行效能试验，逐路检查灯及应急照明接触器的工作情况，如有故障，应予排除。

每 6 个月 1 次测量绝缘电阻，一般应大于 0.5 MΩ。

3. 探照灯、运河灯

使用前检查开关及灯具的水密情况，电缆有否老化龟裂，电源电压是否符合规定，并测量其绝缘电阻值，一般应大于 0.5 MΩ。

二、电热器具维护周期及技术要求

① 电热器具必须有专用的电源插座；检查是否使用规定的工作电压；保持设备有良好的绝缘；装有易燃货物的船舶和油船严禁使用明火电炉；检查烘箱的温度是否超过规定的最高温度。

② 每 6 个月 1 次检查电热器具元件，接线柱有否受热松动，导线及隔热绝缘物老化和破损时，进行包扎、紧固和换新。

③ 每年 1 次检查自动控制装置，温度上下限整定值有否变动，感温元件接触面应清洁光滑。

三、电缆维护周期及技术要求

1. 日常维护

更换应尽量选用与原电缆同规格、同型号的。并检查电缆上标记符号是否完好；安全妥当的防护措施；经常检查电缆是否受油及高温而变质，禁止在电缆上吊挂异物。

岸电电缆不用时要检查是否罩妥，使用前应检查电缆，接头等是否完好。备用电缆（指长期不用）的端头应用石蜡或沥青封存。

油船上二类舱室电缆的铠装护套或穿气密管子敷设的电缆必须完好。检查出入该舱室的电缆孔封闭措施是否有效。要防止可燃气体进入其他舱室。

2. 维护周期及技术要求

一般为 1 年半到 2 年或修船期，维护项目有：

① 电缆。检查其敷设情况，电缆外表不应有破裂、龟裂、腐蚀、灼伤、鼠咬、绝缘老化等现象，否则应进行包扎，修补，换新等处理。

② 舱壁上填料函。要检查各种形式的水密装置，在符合规定压力要求时，不能有渗水漏水现象，否则必须进行修补。

③ 油船沿步桥电缆。检查沿步桥电缆导管（天桥电缆）腐蚀情况，膨胀弯头处电缆外表敷设，衬垫情况。尤其在遇大风浪后要加强检查，如有损坏及时修复。

④ 沿步桥电缆接线箱。清除箱内积灰；检查电缆有否发热后老化，接线有否松动；测量绝缘电阻；检查接线箱盖及填料函密封橡皮有否变质，需要时进行更换。

四、电磁式控制设备的保养等级、周期及技术要求

1. 一级保养（2～3 个月一次）

① 清除各部件上的积灰和油污。

② 检查按钮、指示灯、开关、仪表等零部件的完整性，各紧固件不应有松动。

③ 检查并维护继电器、接触器的部件

a. 可见部位弹簧有否损坏和错位。

b. 灭弧罩、胶木件有否损坏，同时清洁灭弧罩内的灰尘。

c. 清除主、副触头上的氧化物和熔化物，力求使触头保持原形和光洁（对于镀银层以及银合金交流接触器触头有斑点时，只要表面清洁，不必进行光洁处理）。

d. 检查接触器上的金属软接线是否有损伤。

④ 机械和电气联锁应可靠，机械活动部位应灵活，必要时可加油润滑。

2. 二级保养（每 6 个月一次）

① 检查并调整时间继电器；压力、温度、液位调节器；热继电器及失压保护继电器的整定值，使之符合控制线路的要求。

② 检查并调整继电器、接触器的触头初压力、终压力、超额行程及断开距离。

③ 检查接触器的非磁垫片、短路环及铜套有否损坏。

3. 三级保养（3～4 年或修船期间）

① 检查控制板前后全部零件、螺丝、垫圈，有过热、锈蚀时应拆下清洁，各连接导线和线头编号有损坏时应更换。

② 检查各线圈阻值情况。

③ 对控制设备中的静止电器，如变阻器、电阻、自耦变压器、电源变压器、电抗器等应检查其是否有否短路、开路等隐患。

④ 检查并调整过电流继电器整定值，应符合控制设备的要求。

五、锚、绞机主令及凸轮控制器的保养等级、周期及技术要求

1. 一级保养（每航次或使用前进行）

① 检查主令控制器外部装置，如手柄（手轮）、指示灯、开关、按钮等，如有损坏进行修复。

② 检查控制器指针与实际位置是否相符，定位正确与否。

③ 对凸轮控制器，必须作检查维护

a. 清洁触头与凸轮表面，若有熔化和损坏时必须修复。

b. 检查内部弹簧有否损坏和错位。

c. 清洁灭弧罩，如有损坏或绝缘不良时，必须修整或更换。

2. 二级保养（3～6 个月一次）

① 检查主令控制器内部复位弹簧、触头、凸轮。

② 清洁触头。

③ 对采用可变电阻的主令控制器应测量滑动臂与电阻的接触是否良好。

3. 三级保养（3～4 年或修船期）

① 对主令控制器内部进行除锈、防锈、水密处理。

② 修复和更换损坏部件。

六、锚、绞机电磁制动器的保养等级、周期及技术要求

1. 一级保养（每航次或使用前）

① 测量间隙，必要时进行调整。

② 检查制动效果。

2. 二级保养（3～6 个月一次）

① 局部解体，清洁。

② 检查制动片（腰型或圆柱型制动块）与衔铁接触面是否匀称，有龟裂更换（更换制动片和弹簧时，应注意型号和材料质量）。

③ 检查衔铁、铜套及弹簧是否有变形。

④ 检查制动器的人工释放装置是否有效。

3. 三级保养（3～4 年或修船期）

① 电机解体的同时对制动器进行全部解体。

② 清洁，检查，更换损坏部件。

七、船舶电机的保养等级、周期及技术要求

1. 一级保养（直流电机为 2～3 个月，交流电机为 6 个月）

① 打开通风罩，局部清洁。

② 当换向器或滑环上有灼黑斑点，槽痕，铜绿，进行光洁处理。

③ 检查换向片间的云母，一般应低于换向片 0.5～1.5 mm，否则要进

行拉槽修理。

④ 根据火花情况，调整炭刷压力，一般炭刷对换向器的压力在 10～32 kPa范围内，并列炭刷对换向器的压力差不应超出 10%。

⑤ 当炭刷磨损到原始长度的 2/3 时，应按同型炭刷进行更换，炭刷接触面必须在 70%以上。

⑥ 刷握高低校正，刷握离换向器表面高度在 1.5～4 mm 范围内，炭刷在刷握内应能上下自由移动，间隙应尽量小。

⑦ 对甲板辅机用电机还要检查其水密是否良好，并释放凝结水。

2. 二级保养（直流电机为 6 个月，交流电机为 1 年）

① 清洁通风系统，检查风叶和平衡块，有否变形、松动或损坏。

② 为使交流发电机滑环磨损均匀，必要时更换极性。

③ 检查轴承润滑脂有否变质，必要时可适当添加润油脂。

④ 检查转子有否碰擦铁芯或其他部件及有无松动现象。

⑤ 检查电机联轴器是否正常。

3. 三级保养（直流电机 2～3 年，交流电机 3～4 年）

① 电机全部解体清洁。

② 测量定、转子各线圈的绝缘电阻，如低于标准时要进行绝缘处理。

③ 检查各线圈有否松动、短路、开路等其他故障。

④ 绝缘包扎有擦伤和过热老化时应修理。

⑤ 测量换向器及滑环的磨损程度。

⑥ 检查钢丝箍和扎线是否有松动。

⑦ 检查轴承并更换润滑脂。

⑧ 因换向器上的凸痕和斑点致使电机产生的火花等级超出使用要求时，应对换向器进行光车，光车后应拉槽，并倒角。

第四节　电气设备绝缘检查及提高绝缘性能的方法

船舶电气设备的绝缘问题对船舶的安全航行至关重要，船舶电气的绝缘值低容易引起船舶火灾、爆炸、触电等安全事故。配电系统一般分为动力系统、照明系统和蓄电池系统，绝缘性能检查包括电气设备本身的绝缘和电缆线的绝缘是否良好。

船舶配电板上大多装有绝缘指示灯（亦称地气灯）以监视电网的单相接地。图 7-4 是绝缘指示灯的电气工作原理图。

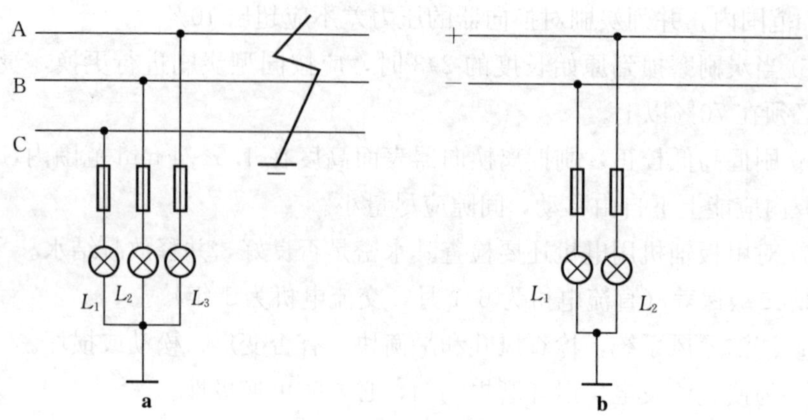

图 7-4　绝缘指示灯电路

a. 三相交流　b. 直流

配电板兆欧表安装在主配电板上，它能在线随时监测船舶电网的绝缘电阻。兆欧表的工作原理如图 7-5 所示。

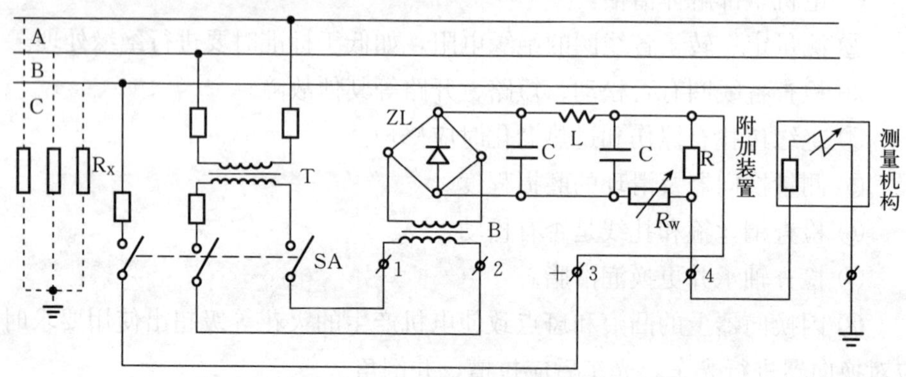

图 7-5　兆欧表原理

除了要求船舶配置连续监视绝缘电阻和绝缘电阻监测报警器以外，还可以通过用船上的摇表（便携式兆欧表）对电器设备的绝缘进行测试；一般来说动力的绝缘应大于 1 MΩ、照明的绝缘大于 0.5 MΩ 是正常的。

在实际中，很多船舶在一般情况下其配电系统的绝缘是正常的，但在阴雨天气或电气设备正在运作的情况下其绝缘值可能会达不到要求。因此，检查人员要尽量选择船上电气设备正在运转的情况下来检查其绝缘性能是不是符合要求，特别是那些在露天甲板上的电气设备，锚机、绞缆机、吊机、室

外的各种照明灯等，都容易造成绝缘值偏低。

提高电气设备的绝缘性能的方法有以下几种：

① 选用良好的绝缘材料。船舶电气设备的绝缘材料一定要具有耐潮、耐海上盐雾等腐蚀性物质的能力。

② 认真、详细地查看船舶各用电设备的维护和保养情况、各电气设备是否处在良好的状况下。

③ 认真检查船上的电气绝缘记录，以便有针对性地对绝缘值低的设备进行检查。

第五节 船舶电气设备船用条件及规定

船舶电气设备在航行工况中受到风浪、海水、盐雾、霉菌等影响，直接危害设备的电气绝缘。航行环境的剧烈变化，船舶的振动、颠簸、摇摆也直接影响到电气设备的正常运行。

因此，要求船舶电气设备能在相对空气湿度为95%的情况下正常工作，电机绕组及其他要求绝缘的部件，必须经防潮、防霉、防盐雾即三防处理，同时还必须耐油。电机绕组的冷态绝缘电阻应不低于5 MΩ，热态绝缘电阻应不低于1 MΩ。

对于无限航区的船舶，露天甲板安装的电气设备应在－25～45 ℃温度范围内能有效地工作。船舶电气设备的电气性能，在电网电压变化从（＋6%～－10%）额定值，频率变化为±5%额定值时应能可靠工作。

船舶电气设备、开关设备、电器及电子设备，在船舶长期22.5°横摇、横倾和10°纵摇、纵倾的情况下，应能保证正常工作。故船用电气设备在结构上、技术条件上、和安装方式上要能适应这种条件。例如，电机轴端间隙要小，应采用轴向直立安装或沿船舶纵向卧式安装。

如果某些设备没有专门的船用电气产品，则可考虑采用经三防（防湿热、防盐雾、防霉菌）处理过的陆用产品代替，但需征得有关船级社的认可。

电气设备的外壳防护形式，采用何种防护等级，是由电气设备的安装位置决定的。表示防护等级的标志由特征字母IP及后面加两位数字组成。特征数字表示防护等级规定，IP后面第一位数字表示防外部固体侵入等级，第二位数字表示防水液侵入等级密闭程度。数字越大表示其防护等级越高，两个标示数字所表示的防护等级如表7-1及表7-2所示。

表 7-1　防外部固体侵入等级

第一位表征数字	简述	详细定义
0	无防护电机	无专门防护
1	防护大于 50 mm 固体的电机	防止大于 50 mm 的固体物侵入防止人体（如手掌）因意外而接触到壳内带电或运动部分。（不能防止故意接触）
2	防护大于 12 mm 固体的电机	防止大于 12 mm 的固体异物侵入壳内，防止人的手指或长度不超过 80 mm 的物体触及或接近壳内带电或转动部分
3	防护大于 2.5 mm 固体的电机	防止大于 2.5 mm 的固体异物侵入壳内，防止直径或厚度大于 2.5 mm 的工具、电线或类似的细节小外物侵入而接触到壳内带电或转动部件
4	防护大于 1 mm 固体的电机	防止大于 1.0 mm 的固体异物侵入壳内，防止直径或厚度大于 1.0 mm 的工具、电线、片条或类似的细节小外物侵入而接触到壳内带电或转动部件
5	防尘电机	完全防止外物侵入，虽不能完全防止灰尘进入，但侵入的灰尘量并不会影响电机的正常工作

表 7-2　防水液侵入等级

第二位表征数字	简述	详细定义
0	无防护电机	没有防护
1	防滴电机	垂直滴下的水滴（如凝结水）对灯具不会造成有害影响
2	15°防滴电机	当电机正常位置向任何方同倾斜至 15°以内任一角度叫，垂直滴水，都应无有害影响
3	防淋水电机	与垂直线成 60°角范围内淋水应无有害影响
4	防溅水电机	承受任何方向溅水应无有害影响
5	防喷水电机	承受任何方同喷水应无有害影响
6	防海浪电机	承受猛烈的海浪冲击或强烈喷水，电机的进水量应不达到有害的程度
7	防浸水电机	当电机浸入规定压力的水中，经过规定时间后，电机的进水量应不达到有害的程度
8	潜水电机	电机在制造厂规定的条件下能长期潜水。一般为水密型，对某些类型电机也可允许水进入，但应不达到有害程度

第八章　安全用电

第一节　船舶安全用电规则

船舶属于触电危险场所。触电事故发生的主观原因是船员缺乏安全用电常识或对电气设备的使用管理不当；发生触电的客观原因是电气设备的绝缘损坏使不带电的物体带电，也是最大的隐患。

一、安全电压的分类

安全电压是指对人体不产生严重反应的接触电压。根据触电时人体和环境状态的不同其安全电压的界限值不同。国际上通用的可允许接触的安全电压分为三种情况：①人体大部分浸于水中的状态，其安全电压小于 2.5 V；②人体显著淋湿或人体一部分经常接触到电气设备的金属外壳或构造物的状态，其安全电压小于 25 V；③除以上两种以外的情况，对人体加有接触电压后，危险性高的接触状态，其安全电压小于 50 V。

我国则是根据发生触电危险的环境条件将安全电压分为三种类别，其界限值分别为：①特别危险（潮湿、有腐蚀性蒸汽或游离物等）的建筑物中，为 12 V；②高度危险（潮湿、有导电粉末、炎热高温、金属品较多）的建筑物中，为 36 V；③没有高度危险（干燥、无导电粉末、非导电地板、金属品不多等）的建筑物，为 65 V。

“安全”电压是相对的，在某种状态或环境下是安全的，当状态或环境发生变化时就可能是危险的。

二、进行电气操作时需注意的安全事项

① 整齐穿戴工作服，扣好袖口，必要时扎紧裤脚，不应把手表、钥匙等金属带在身边；工作时应穿着胶底安全鞋（不能穿防静电工作鞋）。检查自己用的工具是否完备和良好，如各种钳柄的绝缘、行灯、手柄、护罩等，

如发现有缺少，应及时更换。

② 修理任何线路或线路上的电器时，应关闭电源，并挂上警告牌。修理完毕后，通电前应先查看一下线路有无其他人在工作，确认无人后方可供电；必须带电操作时要有专人看护。

③ 电气器具的电线、插头必须完好。插头应与所用插座相吻合，无插头的移动电器不准使用。36 V 以上的电气器具应备有接地触头的插头，以便连接保护接地线或接中线。

④ 不要先开启开关后连接电源（指手提电器），禁止用湿手或在潮湿的地方使用电器或开启开关。

⑤ 空中作业（离地 1 m 以上）时，要戴安全带，以防失足或触电坠落，同时要注意所携带的工具、器材，勿失手落下，以免伤人和损坏设备。

⑥ 检查电路是否有电，只能用万用表、验电笔或试灯。在未确定无电前不能进行工作。作业时必须有两人一同进行。在带电作业时，应尽可能用一只手接触带电设备及进行操作。

⑦ 在带电设备上严禁使用钢卷尺和带有金属的尺进行测量工作。

⑧ 在机舱工作时，应有适当的照明，所用灯具的电压应符合安全标准。

⑨ 在维修和检查存在电容器的电气装置时，应将电容器充分放电，必要时可短接后进行工作。

⑩ 工作完毕后应检查、清点工具，不要遗漏。特别是在配电板、发电机等重要电气设备附近工作时更应注意。

第二节　静电的产生、危害及预防措施

一、静电的产生

① 当油沿着输油管路流动和流入油舱时，由于油与管壁、油舱的摩擦和冲击，因而产生和积聚静电荷。

② 船体在风浪影响下的摇摆振动，会使油品与油舱壁产生摩擦而生成和积聚静电荷。

③ 油品通过多孔或网状过滤器、隔离装置时也会有静电的产生和积聚。

④ 油品微滴的飞溅与空气摩擦及油中结晶水滴的沉降过程，也会产生

静电。

⑤ 油舱内的油品与油面漂浮物的相互撞击，可以产生静电。

⑥ 在对油舱采样测量时，测杆和采样器具在施放和提升过程中，油舱内会产生静电。

⑦ 洗舱机和喷嘴软管在洗舱工作过程中会产生静电。

⑧ 洗舱水柱、水雾、水珠等形成的水滴降落在油品中发生冲击时，也能产生静电。

⑨ 油舱内的铁锈、石油渣滓等沉淀物在下沉时会产生静电。

⑩ 油舱上索具和吊杆的摩擦会产生静电。

⑪ 落到油舱的物品及工具等，在坠落和发生碰撞时会产生静电。

⑫ 人是静电的良导体，当人体穿脱毛料和合成纤维衣服时会产生极高的静电电压，足以引燃周围的爆炸性气体。

二、静电的预防措施

① 金属导体之间或法兰连接的管短之间要用金属导线可靠地连接，并可靠地金属接地，以便及时泄放静电。

② 电气设备的金属外壳均须可靠接地，所有电气设备的保护接地可作为防静电接地。

③ 货油舱在卸油、排压载水或洗舱前，都要向舱内充入惰性气体；航行期间也要向舱内补充惰性气体，以使其含氧量极低。

④ 在装卸油时应控制装卸油的流速，以不超过 4 m/s 为宜。为防止油管内或舱底残留积水而发生油水冲击从而大量产生静电，开始装油时流速应控制在 1 m/s 以下；待油装至高出舱底肋骨后，才逐渐加速到 4 m/s。

⑤ 油管要用接地电缆连接。

⑥ 装油后测量、取样时，应考虑油的半衰时间，宜在装完后 30 min 进行，所用的量尺及取样装置应采用非金属材料制成。

⑦ 洗舱时，应尽可能避免由于水雾带电而产生静电电压。洗舱机台数不宜过多，在吊入舱内之前应可靠接好接地电缆，工作人员必须防止金属工具落入舱内。

⑧ 油轮工作人员应穿导电好的衣服和鞋袜，不宜佩戴与人体绝缘的金属器件。有条件的可在油轮入口处装设消静电装置，消除人体静电。

第三节　触电及急救

一、触电原因及预防

人体触及带电体，受到较高电压或较大电流的直接或间接的伤害，称为触电。按照触电伤害程度的不同，可分为电伤和电击两类。人体触电有三种形式，即双线触电、单相触电、单线触电（图 8-1）。

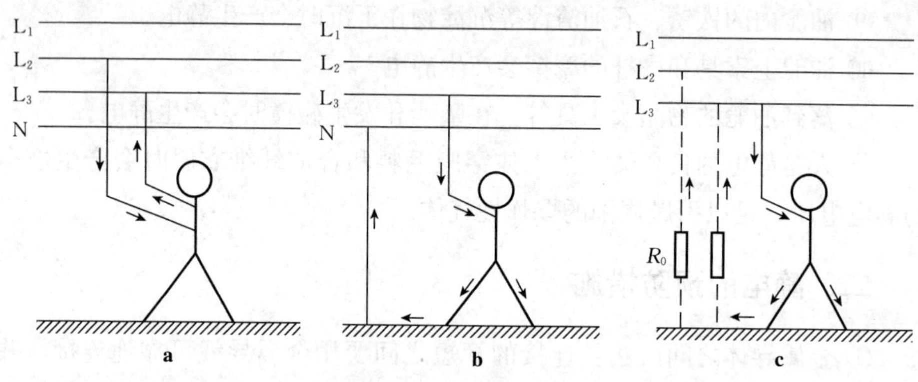

图 8-1　人体触电形式

a. 双线触电　b. 单相触电　c. 单线触电

1. 触电的原因

① 思想麻痹，违反操作规程或误操作而触电。

② 电线或电缆的绝缘层老化或机械碰伤，使绝缘层损坏，人体不慎碰到带电导体而触电。

③ 雨天或电气设备溅上（或浸过）海水，使电气设备绝缘性降低漏电，造成触电事故。

④ 电气设备的保护接地或保护接零装置损坏。

2. 触电预防

① 严格遵守安全操作规程，强化安全意识。

② 做好设备的维修保养，保持设备绝缘良好及接地保护装置完好。

③ 遇到绝缘损坏及时处理，使之符合安全要求，防止事故扩大。

④ 线路中还可安装漏电保护报警装置，防止因漏电引起触电事故，以及监视或消除一相接地故障。该装置的原理是当设备漏电后，将引起零序电流和对地电压异常信号，由检测机构获得异常信号经放大后，执行机构动作。

二、触电急救

① 就近拉断电源开关或熔断器，或用干燥不导电的衣物器具使触电者迅速脱离电源。

② 将触电者置于通风温暖的处所，对呼吸微弱或已停止呼吸的要实施人工呼吸或心脏按摩抢救。只要触电者没有明显的死亡症状，就应坚持抢救。

第四节　消防知识

一、船舶电气火灾的主要原因

主要有：电气设备的绝缘下降或损坏；电气线路发生短路、接地等故障引起的火花；电气设备长期过载、超负荷工作，温升超过允许值，甚至燃烧；继电器、接触器通断情况不良，灭弧不好；直流电机换向不好，换向火花过大；导体或电缆连接点松动，接触不好，引起局部发热甚至燃烧。

造成电气火灾的原因归纳起来有以下几方面：

① 导体连接处固定螺丝松动或其他原因引起接触电阻大，造成局部发热。

② 电气设备（特别是插座）溅上海水，形成短路或接地，在短路点或接地点局部发热。

③ 电气设备或电缆长期超负荷工作，温升过高而烧毁。

④ 电压过高或过低，使电机或电器线圈过热。

⑤ 电气设备在故障下（如电机绕组局部短路、接地或电源缺相等）运行，引起设备发热烧毁。

⑥ 其他原因引起的电气设备绝缘下降或破坏，通电时发生短路、接地等故障，而引起局部过热。

⑦ 可燃物（气体、液体或固体）遇到电器开关设备通断产生的电弧或火花，静电放电火花及遇到上述各种热源。

⑧ 乱拉、乱接电源线，照明线路接用电炉，造成线路过载或短路。

二、电气设备的防火要求

经常检查电气线路及设备的绝缘电阻，发现接地、短路等故障时要及时排除；电气线路和设备的载流量必须控制在额定范围内；严格按施工要求，保证电气设备的安装质量；按环境条件选择使用电气设备，易燃易爆场所要使用防爆电器；电缆及导线连接处要牢靠，防止松动脱落。

在平时需注意以下事项：

① 电气设备的负荷量在额定值以下，不得长期超载运行，电压、工作制及使用环境应符合铭牌要求。

② 电气设备的安装质量必须符合要求。

③ 严格按环境条件选择电气设备。

④ 防止机械碰伤损坏绝缘。

⑤ 导体连接牢靠，防止松动。

⑥ 按要求定期测量绝缘电阻，发现绝缘电阻过低时，应查明原因及时处理。

⑦ 注意日常维护、保养和清洁工作。防止海水溅到电器上，还应注意水密电器的水密检查。

⑧ 及时排除电器故障。

⑨ 易燃、易爆场所应使用防爆电气设备。

三、电气灭火

电气着火，通常应采取如下措施灭火：

① 迅速切断着火设备的电源，但应注意使范围越小越好。

② 使用适当的灭火剂灭火。适用电气火灾的灭火剂主要有二氧化碳、干粉等。

a. 二氧化碳。是一种非导体，它干燥且没有腐蚀性，而且灭火后不留渣滓，不伤害设备，是一种良好的电气灭火材料。灭火时，它由液态迅速地膨胀成气态，吸收大量的热量，同时因其相对密度比空气大而覆盖在燃烧物表面，达到隔离空气，稀释氧气，使火窒息的目的。使用时，注意不能与水或蒸汽一起使用，否则会大大降低灭火性能。

b. 干粉。本身无毒，不腐蚀，不导电。灭火时依靠压缩气体的压力，将干粉以雾状喷射到燃烧物表面，形成燃烧的隔离层，稀释燃烧区的含氧量。干粉灭火迅速，效果好，但成本高，一般仅用于小面积灭火。

第九章　船舶电力系统的继电保护

第一节　继电保护

一、继电保护的任务和内容

船舶电力系统中各种继电保护装置，主要就是为了实现安全、可靠的供电。

船舶电力系统的不正常运行情况主要有过载、欠压、过压、欠频、过频、逆功率以及三相三线制中性点绝缘系统发生单相接地等。船电力系统中最常见、最严重的故障就是各种形式的短路。

要限制不正常运行和短路的破坏作用，最有效的办法之一就是在船舶电力系统的主要电气设备上，装设继电保护装置，以自动迅速地切除故障。继电保护的任务可归纳为：①当电气设备发生故障或足以造成故障的发生时，继电保护装置将自动地、迅速地并有选择性地切除发生故障的电气设备，以保护设备，并保证非故障部分正常安全运行。②当电气设备发生不正常运行情况时，继电保护装置应自动发出报警信号，使值班人员及时进行处理，防止事故发生；或自动切除不正常运行的电气设备，防止事故的再扩大。③配合自动控制装置，自动消除或减少事故及不正常运行情况。

船舶电力系统的继电保护主要内容包括：①船舶发电机的保护；②船舶变压器的保护；③船舶电网的保护；④船舶电动机的保护等。

二、对继电保护装置的基本要求

1. 具有选择性

继电保护的选择性是指当电力系统发生故障时，继电保护装置应能把故障元件切除，使停电范围尽量缩小，从而保证电力系统中其他非故障部分仍然能够继续安全地运行。

2. 具有速动性

继电保护的速动性就是保护装置的动作时限应力求短。迅速切除故障可减轻被保护设备的损坏程度；防止故障蔓延，缩小破坏范围；减少对非故障部分的影响，保证其正常安全运行。

3. 具有灵敏性

继电保护装置的灵敏性是指对于其保护范围内的故障或不正常工作状态的反应能力。灵敏性愈高，故障发觉和切除得就愈早，从而对系统的影响和设备的破坏就愈小。保护装置的灵敏性，用灵敏度来表示。

4. 具有可靠性

继电保护装置的可靠性是指装置本身要能可靠地工作，对它保护范围之内的故障，不应拒绝动作；在正常运行或不属于它保护的范围故障时，不应误动作。否则，它本身就可能成为产生和扩大事故的根源。

三、继电保护的基本工作原理

正如人工寻找故障时的道理一样，继电保护的基本工作原理就是利用在发生各种故障或不正常运行情况时，必定要出现的、特有的现象，作为自动控制的信号，自动判断故障，而后进行必要的处理。图 9-1 为继电保护构成原理图。

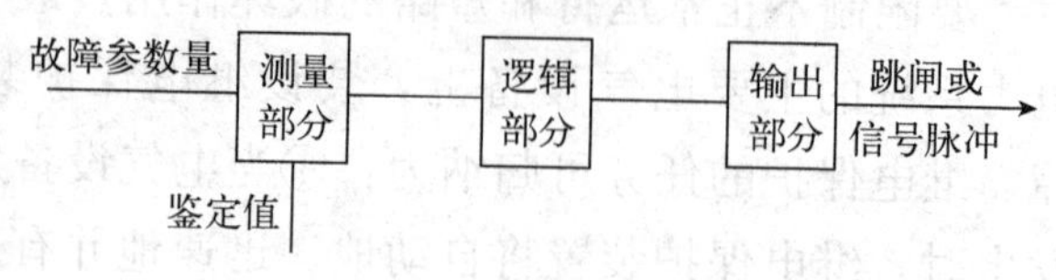

图 9-1　继电保护构成原理

第二节　船舶发电机的继电保护

对 500 V 以下同步发电机，针对其不正常运行情况和可能出现的故障，主要设置的继电保护措施有：过载保护及优先脱扣、外部短路保护、欠压保护和逆功率保护。

一、发电机的外部短路保护

对于船舶发电机外部短路保护一般应设有短路短延时和短路瞬时动作保护。当短路电流达 2～2.5 倍的额定电流时，保护装置延时 0.2～0.6 s 动作，使发电机主开关自动跳闸。当短路电流达 5～10 倍的额定电流时，保护装置

应瞬时动作，使发电机主开关自动跳闸。

因此，船舶发电机的外部短路保护装置中，一般设有两套电流保护装置，根据短路电流的大小，实行短延时或瞬时动作保护。船舶发电机的外部短路保护由万能式自动空气断路器中的过电流脱扣器承担。

二、发电机的过载保护

为了最大限度地保证供电的连续性，船用发电机广泛采用自动分级卸载保护装置。发电机一旦发生过载现象，自动保护装置将次要负载逐级卸去，同时发出报警信号，如到了允许的时限，仍不能消除过载现象，保护装置则应动作，发出发电机过载跳闸的指令。

无自动分级卸载保护装置时，出现 1.25～1.35 倍额定电流后，延时 15～20 s 跳闸。

三、发电机的欠压保护

船舶发电机的欠压保护是由万能式自动空气断路器中的失压脱扣器来实现的。电压为额定值的 70%～80%时，1～3 s 动作；电压为额定值的 40%～70%时，瞬时动作。

四、逆功率保护

同步发电机的逆功率保护由逆功率继电器承担。逆功率继电器有感应式、电子式等多种类型。整定值：逆功率大小为额定功率的 8%～15%，延时 1～10 s 动作。图 9-2 是 GG-21 型感应式逆功率继电器的结构原理图。

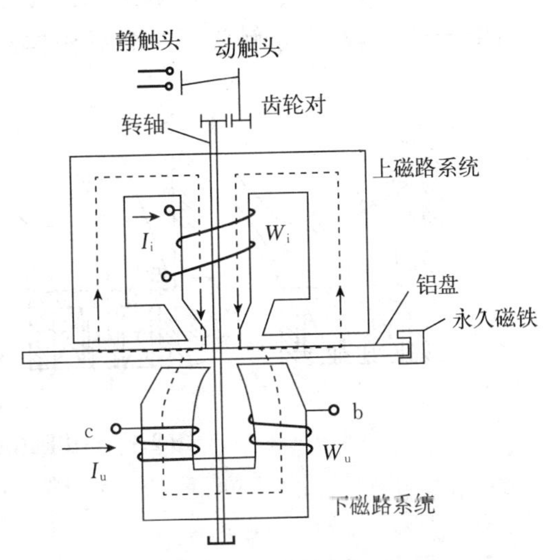

图 9-2　GG-21 型感应式逆功率继电器的结构原理

第三节　自动空气断路器

国内外制造的船用发电机主开关（万能式自动空气断路器）的型式很

多，结构不尽相同，但基本原理大同小异，一般都是由触头单片、灭弧装置、自动脱扣机构，操作机构和保护装置组成。其结构框图见图 9-3。

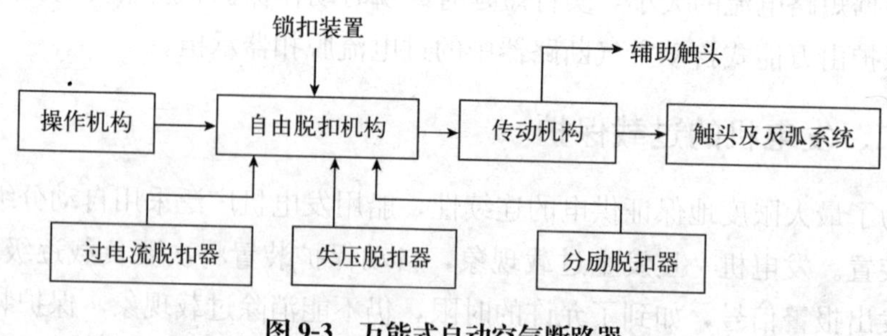

图 9-3　万能式自动空气断路器

一、　触头和灭弧系统

自动空气断路器大多是采用灭弧栅进行灭弧。

二、自由脱扣机构

自由脱扣机构的作用是使触头保持完好闭合或迅速断开。图 9-4 所示是一个四连杆机构，它是触头系统和操作传动装置之间的联系机构。

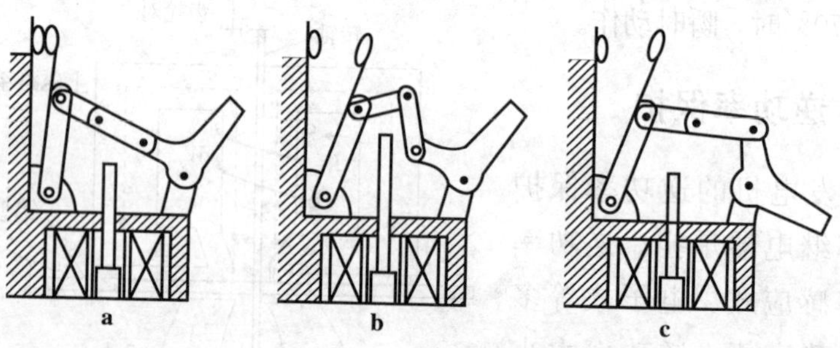

图 9-4　自由脱扣机构

a. 合闸位置　b. 分闸位置　c. 准备合闸位置

三、操作机构

操作机构用于控制自由脱扣机构的动作，实现触头闭合或断开。

1. 手动操作

各种类型的自动空气断路器都有手动合闸操作手柄，通常有转动和上下扳动两种型式。

2. 电磁或电动合闸

DW-94 型电动合闸主开关采用电动操作时，其合闸操作线路原理如图 9-5 所示。

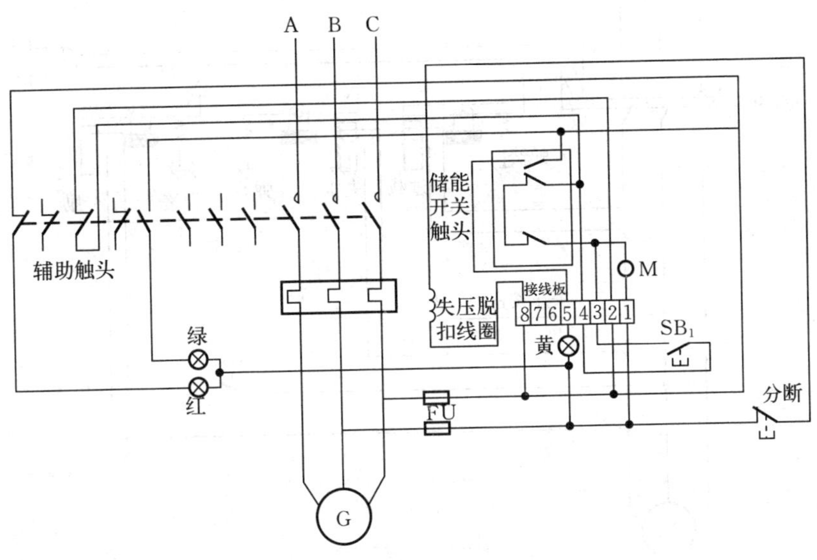

图 9-5　电动合闸原理

DW-95、DW-98 型电动合闸采用电磁操作，其合闸操作线路原理图如图 9-6 所示。AH 型采用电磁铁直推式合闸，线路原理图如图 9-7 所示。

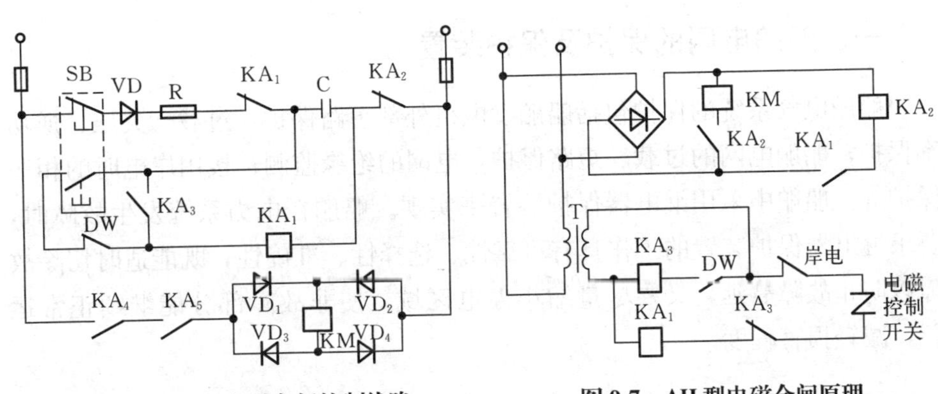

图 9-6　DW-98 电磁合闸控制线路　　　图 9-7　AH 型电磁合闸原理

3. 保护元件

万能式自动空气断路器通常设有电流脱扣器、失压脱扣器及分励脱扣器，通过它们对自由脱扣机构的作用来实现对主电路的短路、过载、失压、欠压等保护及遥控分励操作。其原理示意图如图 9-8 所示。

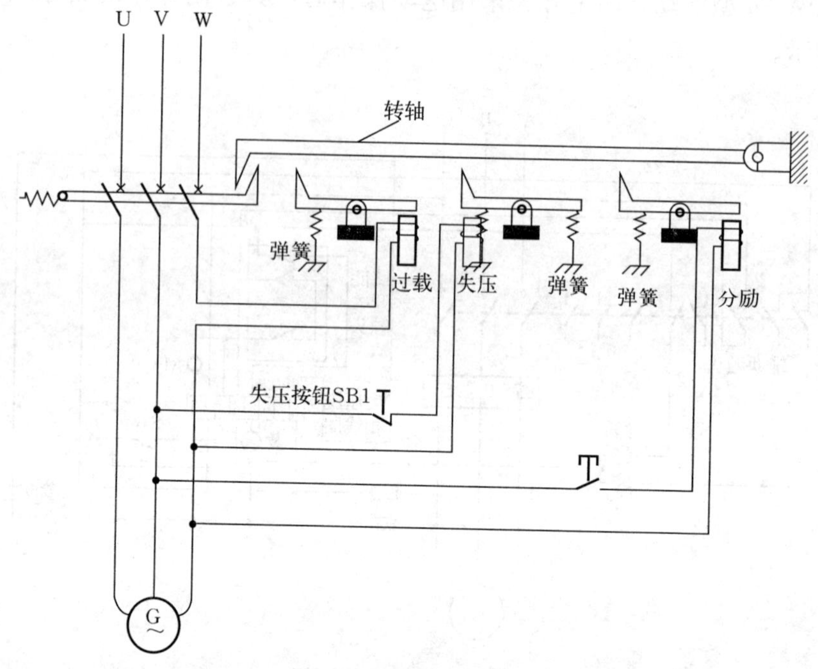

图 9-8 脱扣器原理

第四节 船舶电网保护的主要内容及选择

一、船舶电网的保护及保护装置

船舶电气系统的保护包括船舶发电机外部短路保护，过载、欠压、逆功率保护；船舶电网的过载、短路保护，电网的绝缘监测；接用岸电时的相序保护等。船舶中采用继电器保护装置来实现。船舶在电力系统发生故障时，要求继电器保护装置的工作具有可靠性、选择性、准确性，既能适时切除故障以防止故障蔓延，又要尽量缩小停电区域，使非故障部分能继续正常运行，减轻损害程度。

二、电网的短路保护

船舶电网的短路保护要求良好的选择性，当发生短路故障时，仅允许切除有故障的线路部分。通常对各级保护装置的动作整定值按时间原则或电流原则予以整定。

如图 9-9 所示，若按时间原则整定，则应有 $t_1>t_2>t_3$，即各级保护装置动作时间的整定值应从用电设备到发电机处逐级增大；如按电流原则整定，则应有 $I_1>I_2>I_3$。

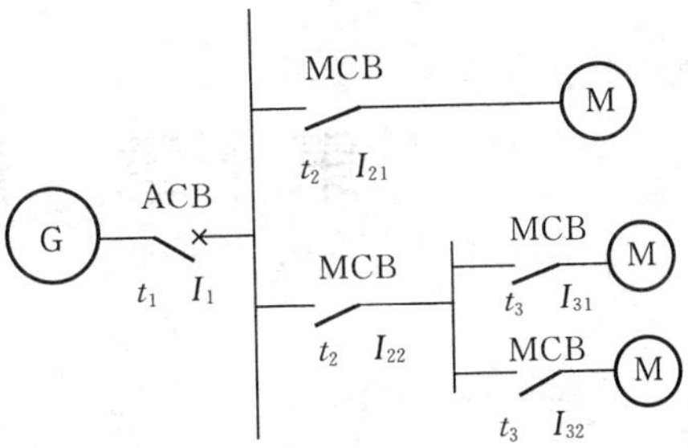

图 9-9　船舶电网短路保护

三、电网的过载保护

船舶电网大多为辐射型馈线式配电网络，馈线的截面积又都与发电机及用电设备的容量相配合的。由于发电机和用电设备的过载保护装置同时保护了电网，电网中不设专门的过载保护装置。需指出的是，舵机电动机和它的供电线路根据规范要求均不设过载保护，只设短路保护和过载报警装置。

四、岸电的相序和断相保护

相序及断相保护由负序继电器完成。

第十章　船用蓄电池

第一节　蓄电池连接方法、充放电方法

一、连接方法

① 将蓄电池摆放整齐。摆放时，要根据蓄电池正负极的位置、连线的长短选择最佳的有序摆放方式。

② 确定连接完毕后总的正、负极的位置，然后将其余的极柱依次正负相连。

③ 连接完毕后，用万用表测量整组蓄电池电压，判断是否在可用范围内及连线是否正确，并确定整个蓄电池组的正负极。将整流充电部分的交流电源合上，用万用表测量其电压，确定其输出电压是否与蓄电池组相匹配，并确定其正负极。

④ 停止整流充电，然后将整流充电部分的输出“正”与蓄电池组的正极相连，整流充电部分的输出“负”与蓄电池组的负极相连。

⑤ 打开整流充电，观察运行情况。若有异常，则需在停止整流充电后，进行相应处理。

二、充电前检查

① 充电前要先检查一下是否有液面非常低的单体，如果有要先给这些单体补水。

② 用万用表测量蓄电池单个电池的电压，如果电压为 1.7～1.8 V 则蓄电池中电能已放完；如果电压为 2.6 V 则蓄电池充满电。

③ 将电池的接头与充电机的接头正确连接（正极接正极，负极接负极）；再将输入电缆线与 220 V 插头对接，最后才允许打开充电机的电源开关。

三、充电方法

1. 恒流充电法

在充电过程中，充电电流强度始终保持不变。由于在充电工程中电池电压是逐渐升高的，因此为保持充电电流恒定，电源电压也必须逐渐升高。这种方法由于充电电流大，因此充电时间可以缩短。但这种方法在充电末期，由于充电电流仍不变，大部分电流用在分解上，冒出很多气泡，所以不仅损失电能，而且容易使极板上的活性物质过量脱落，并使极板弯曲。

2. 恒压充电法

在充电过程中，充电电始终保持不变。采用这种方法在刚开始充电时，电流大大超过正常充电电流，随着蓄电池电压的上升，电流逐渐减小。当电池电压与电源电压相等时，充电电流为零。因此采用这种充电方法可以避免蓄电池过量充电。但缺点是充电初期电流大，易使极板弯曲，活性物质脱落；充电末期电流小，使极板深处的硫酸铅不易还原。

3. 分段恒流充电法

在充电初期，蓄电池用较大电流充电；当蓄电池发出气泡，电压上升到2.4 V时，改用第二阶段较小电流充电。这种方法既不浪费电，时间又较省，对延长电池寿命夜间有利，时目前船舶常用的充电方法。

4. 浮充电法

一种连续、长时间的恒电压充电方法。足以补偿蓄电池自放电损失并能够在电池放电后较快地使蓄电池恢复到接近完全充电状态，又称连续充电。

5. 过充电法

铅蓄电池在运行时，往往因为长时间充电不足，过放电或其他一些原因(如短路)，造成极板硫化，从而在充电过程中，使电压和硫酸比重都不易上升。出现这种情况时，可以在正常充电之后，再用10 h放电率的1/2或3/4的小电流进行充电1 h，然后停止1 h。如此反复进行，直到允电装置刚一合闸就发生强烈气泡为止。

第二节　电解液的配制及其维护管理

一、电解液的配制

① 利用比重计测量蓄电池电解液的比重。打开注液塞将比重计插入，

吸取少量的电解液，使比重计中的浮标浮起，确信浮标顶端不要碰到橡皮球和管的外壁。将比重计竖直放置，眼睛水平注视液面凹处，浮标上的刻度即为比重的数值。电解液的比重与温度有关，应测量电解液的温度。常温下如果密度为 1.275～1.31 g/cm³，则电池充满电；如果密度为 1.13～1.18 g/cm³，则电池电能已放完。

② 电解液应由符合 JB 4554—1984 标准的蓄电池硫酸与蒸馏水（或净化水）配制而成。由于硫酸是强氧化剂，它与水有亲和作用，溶于水时放出大量的热量，因此操作人员要戴上护目镜、耐酸手套，穿胶鞋或靴子，围好橡皮围裙。盛装电解液的容器，必须用耐酸、耐温的塑料及玻璃、陶瓷、铅质等器皿。配制前，要将容器清洗干净，为防酸液溅到皮肤上，先准备好 5% 氢氧化铵或碳酸钠溶液及一些清水，以防万一溅上酸液时可迅速用所述的溶液擦洗，再用清水冲洗。

③ 配制时，先估算好浓硫酸和水的需要量，把水先倒入容器内，然后将浓硫酸缓缓倒入水中，并不断搅拌溶液。严禁将蒸馏水倒入浓硫酸中（此反应放出大量热），以免飞溅烫伤。

④ 电解液在配制过程中要产生热量，刚配制好的电解液，温度较高，必须冷却到 10～30 ℃时（否则充电时有害蓄电池）灌入蓄电池，高温或低温的电解液对蓄电池性能会有影响。电解液的液面应高于极板 10～15 mm，则注入的电解液易被极板所吸收。

⑤ 因电解液注入蓄电池内发热，因此需将蓄电池静置 6～8 h 待冷却到 35 ℃以下可进行充电。但注入电解液后到充电的时间不得超过 24 h。

二、蓄电池的维护管理

① 电池在使用过程中，必须保持清洁。在充电完毕并旋上注液孔旋塞后，可用蘸有碳酸钠溶液的抹布擦去电池外壳、盖子和铅横条上的酸液和灰尘。

② 电极桩头、夹子和铁质提手等零件表面应经常保持一层薄凡士林油膜。如有氧化物必须刮除，并涂上凡士林，以防再锈蚀。接线夹子和电极桩头必须保持紧密接触。

③ 注液孔上的胶塞必须旋紧，以免船舶航行时因震动使电解液泼出，但胶塞上的透气孔必须畅通。

④ 电解液液面应高于极板上缘 10～15 mm，每隔 15～20 d 应检查一次

电解液高度。

⑤ 为了消除极板硫化现象，不经常使用的电池应按时进行充电和定期进行全容量放电（通常为每月进行一次），以使作用物质得到充分均匀的活动。

⑥ 当蓄电池充电和放电，应分别计算出“充入容量”或“放出容量”，避免放电后充电不足。放电后应及时进行充电。在充电过程中，电解液温度不得超过规定值。

⑦ 蓄电池室应严禁烟火，并保持通风良好。

⑧ 发现电解液密度不正常时，应酌情调整，一般应每周检查一次。

第十一章　电工材料

第一节　导电、绝缘、磁性材料

一、导电材料

导电材料大部分是金属，其特点是导电性好，有一定的机械强度，不易氧化和腐蚀，容易加工和焊接。金属中导电性能最佳的是银，其次是铜、铝。由于银的价格比较昂贵，因此只在比较特殊的场合才使用，一般都将铜和铝用作主要的导电金属材料。常用金属材料的电阻率及电阻温度系数如表 11-1 所示。

表 11-1　常用金属材料的电阻率及电阻温度系数

材料名称	20 ℃时的电阻率（Ω·m）	电阻温度系数（$℃^{-1}$）
银	1.6×10^{-8}	0.00361
铜	1.72×10^{-8}	0.0041
金	2.2×10^{-8}	0.00365
铝	2.9×10^{-8}	0.00423
钼	4.77×10^{-8}	0.00478
钨	5.3×10^{-8}	0.005
铁	9.78×10^{-8}	0.00625
康铜（铜 54%，镍 46%）	50×10^{-8}	0.00004

二、绝缘材料

绝缘材料大部分是有机材料，其耐热性、机械强度和寿命比金属材料低得多。常见的绝缘材料有：

1. 气体绝缘材料

有空气、氮气、二氧化碳、六氟化硫等，其特点是：①化学性质稳定，

惰性大，无腐蚀，无毒；②不燃不爆，不易分解；③热稳定性高，导热性好；④击穿电压强度高，击穿后自动迅速恢复绝缘；⑤容易制取，成本低。

2. 液体体绝缘材料

有变压器油、断路器油、电缆油等。

3. 固体绝缘材料

有绝缘漆、胶、纸、云母、塑料、陶瓷、橡胶。

固体绝缘材料按其应用或工艺特征又可划分为六类（表 11-2）。

表 11-2　固体绝缘材料的分类

分类代号	分类名称	分类代号	分类名称
1	漆、树脂和胶类	4	压塑料类
2	浸渍纤维制品类	5	云母制品类
3	层压制品类	6	薄膜、粘带和复合制品类

三、磁性材料

1. 软磁材料

又称导磁材料，其主要特点是导磁率高、剩磁弱。

（1）电工用纯铁　电工用纯铁的电阻率很低，它的纯度越高，磁性能越好。

（2）硅钢片　硅钢片的主要特性是电阻率高，适用于各种交变磁场。硅钢片分为热轧和冷轧两种。

（3）普通低碳钢片　普通低碳钢片又称无硅钢片，主要用来制造家用电器中的小电机、小变压器等的铁芯。

2. 硬磁材料

又称永磁材料，其主要特点是剩磁强。

（1）铝镍钴永磁材料　铝镍钴合金的组织结构稳定，具有优良的磁性能、良好的稳定性和较低的温度系数。

（2）铁氧体永磁材料　铁氧体永磁材料以氧化铁为主，不含镍、钴等贵重金属，价格低廉，材料的电阻率高，是目前产量最多的一种永磁材料。

第二节　船用电缆的分类、选择

船用电缆又称船用电力电缆，是一种用于河海各种船舶及海上石油平台等水上建筑的电力、照明和一般控制之用的电线电缆。主要参数包括型号规格、芯数、燃烧特性、额定电压、温度、标称截面积等。

一、船用电缆的分类

① 从种类上分，船用电缆可分为两类：民船用电线电缆、军舰用电线电缆。

② 从用途上分，船用电缆可分为三类：船/舰用电力电缆、船/舰用控制电缆、船/舰用通信电缆。其作用分别是：

a. 船用电力电缆。用于河海各种船舶及海上石油平台等水上建筑的电力、照明和一般控制之用。

b. 船用控制电缆。用于河海各种船舶及海上石油平台等水上建筑一般控制之用。

c. 船用通信电缆。用于各种传播通信、电子计算机、信息处理设备中的信号传输和控制系统。

二、船用电缆的选择

1. 船舶电力系统中各电缆的选择步骤和原则

① 根据电缆的用途、敷设位置和工作条件选择合适的电缆型号，船用电缆型号的选择应考虑下述因素：

a. 电缆用途。用于动力、照明和无线电通信等。

b. 敷设位置。干燥、潮湿、低温和是否要求屏蔽等。

c. 工作条件。固定敷设、穿管敷设和可移动等。

② 根据用电设备的工作制、电源种类、电缆线芯和负载电流选择合适的电缆截面。

③ 根据环境温度对电缆的额定载流量进行修正，然后再判断电缆的允许电流是否大于负载电流。

④ 根据成束敷设修正系数，对电缆的额定载流量进行修正，然后再判断电缆的允许电流是否大于负载电流。

⑤ 校核线路电压降，判断线路电压降是否小于规定值。

⑥ 根据保护装置的整定值，判断电缆与保护装置是否协调；如果不协调，判断是否可以改变合适的保护装置或整定值；否则，应重新选择合适的电缆截面。

2. 确定电缆的型号

电缆型号的确定，首先要充分考虑不同型号或类别船舶的特殊要求，然后再依据电缆的用途、敷设位置及工作条件来确定。即根据电缆是用于动力网络还是用于控制或弱电网络、是舱室内敷设还是露天敷设、是否有防爆要求、是固定敷设还是用于移动设备等方面来确定。

3. 确定电缆的截面

根据负载的工作制、电源种类、电缆芯数、负荷的实际情况计算出总的负载工作电流，即要充分考虑负载设备是连续工作制还是断续工作制、电源是交流还是直流、负载的同时工作系数等因素。

① 发电机至总配电板的连接电缆，依据发电机的额定电流来选择。

② 电动机的连接电缆，应按电动机的额定电流来选择。

③ 分配电板的连接电缆，应考虑负荷系数及同时工作系数，但要有一定的余量。

④ 单或双芯电缆的截面应大于 1 mm^2，多芯电缆每芯的截面应大于 0.8 mm^2，以满足机械强度的要求。

⑤ 为了敷设方便，截面大于 25 mm^2 的电缆宜采用单芯电缆；截面大于 120 mm^2 时，则宜采用两根较小截面电缆并联的方式来代替。

⑥ 三相交流线制中，原则上采用三芯电缆。若截面较大时，可采用单芯电缆或多根三芯电缆并联使用的方式。但不宜采用有金属护套的电缆，以防止涡流发热。

⑦ 进入蓄电池室的连接电缆应采用单芯电缆，以有利于接线。

⑧ 选择多芯电缆时，应留有备用芯线。一般实用电缆为 2～4 芯时，备用 1 根；实用电缆为 5～17 芯时，备用 1～3 根；实用电缆为 18～48 芯时，备用 3～5 根。

第三节　常用润滑脂的种类、特性及应用场合

一、常用润滑脂的种类和特性

电机上常用的润滑脂有两种：复合钙基润滑脂和锂基润滑脂，个别负载特别重、转速又很高的轴承可以选用二硫化钼基润滑脂。

复合钙基润滑脂：耐热性，抗水性、防锈性好，机械安定性（抗剪切安定性）较好，最高使用在 130 ℃，价格较高。

极压复合锂基润滑脂：耐热性，抗水性、防锈性、机械安定性、极压性

好，最高使用在 160 ℃，价格较高。

二硫化钼极压锂基润滑脂：耐热性好，抗水性、防锈性好，极压性能好，最高使用温度 120 ℃，适用于负荷较高或有冲击负荷的部件，价格适中。

二、常用润滑脂使用注意事项

① 轴承运行 1 000～1 500 h 后应加一次润滑脂，运行 2 500～3 000 h 后应更换润滑脂。

② 不同型号的润滑脂不能混用，更换润滑脂时必须将陈脂清洗干净。

③ 轴承中润滑脂不能加得太多或太少，一般占轴承室空容积的 1/3～1/2。转速低、负载轻的轴承可以加得多一些，转速高、负载重的轴承应该加得少一些。

第十二章　电机员的主要工作

第一节　停泊、航行中电机员的工作

一、船舶停泊状态下电机员的主要工作

① 停泊前，做好在港期间的人员值班计划和电气设备的维修保养计划。

② 停泊期间，按计划安排好人员值班，协助航修单位做好有关电气设备的维修工作，接收好备件和物料。

③ 带有冷冻机、起货机的船舶在停泊期间设备运行时，由于电机启、停及操作次数频繁，电机工作电流很大，因此需根据需要调整好发电机组，电机员要巡查和监视各电机的工作情况，发现故障及时排除。

二、船舶正常航行状态下电机员的主要工作

① 对发电机组、主配电板、舵机等重要设备的电气系统坚持每天早、晚各一次的巡视检查工作，发现问题，及时解决。

② 按维护保养周期要求，对电气设备进行有计划的维护保养工作。

③ 对故障设备进行检测、修理。

④ 按规定做好电气设备管理工作日志的记录。

⑤ 按计划进行蓄电池的充电，始终保持蓄电池处于完好状态。

第二节　船舶开航前电机员的工作

船舶在开航前电机员的工作包括：①观察并联运行发电机工况、主配电板运行状况，调整发电机的负载均匀分配。②检查为主辅机运转服务的海水泵、滑油泵、燃油泵等各种泵浦的控制设备工作是否正常。③检查锚机，绞缆机控制设备的工作情况。④开航前 1 小时，与驾驶员配合做好对舵工作。检查舵机控制设备运转是否正常，检查舵角指示器的指示值是否正确，检查

满舵限位开关是否可靠、灵活。⑤检查航行灯、信号灯、弱电电源及应急电源的供电情况是否正常。⑥检查集控室内的电车钟、主机集控操纵台工作是否正常。

第三节　船舶进、出港机动状态下电机员的工作

电机员在船舶进、出港机动状态时应做好如下工作：

① 应保证船舶电气设备满足船舶在进、出港机动状态下变化多、动作快、要求高的特殊要求。在离靠码头等操作前，事先做好发电机组的并联运行工作，保证有足够的电力供应船舶在各种机动状态下的要求。

② 注意电站工作情况。注意通过主配电板上的各种仪表，监视电网电压和频率是否保持在额定值；注意发电机的有功和无功功率，应按发电机的容量大小成比例分配，不符合要求时，应进行调整；注意电网负荷，当供不应求时，可暂时关掉一些次要负荷的电源，启动备用发电机组并投入供电。但一般不要在机动状态进行并电、解列，以防误操作使全船失电。

③ 加强值班，保证发电机组和主配电板的正常运行，防止意外事故的发生，一旦发生跳电情况，应立即采取应急措施恢复对航行设备的供电。

④ 检查舵机控制系统的运行情况，保证舵机的可靠工作。

⑤ 注意为主机服务的重要泵浦马达的电流、温升、运转声音等及其他电气设备的运行情况。

第四节　接船以及船舶坞修时电机员的工作

一、船舶电气设备的修理类别、期限和范围

1. 航修

指发生在船舶营运期间的一般修理项目和一般事故处理。其期限和修理范围根据电气设备的损坏程度来确定，一般由船厂或航修厂方协助进行修理。

2. 小修

钢质机动船要求每 12～18 个月进行一次小修，一般结合船舶“期间检

验”或“年度检验”进行，这是按规定周期有计划地进行的厂修工程。

3. 检修

钢质机动船要求每4～5年进行一次检修，可以结合船舶“定期检验”或“特殊检验”进行，这是按规定周期每隔2～3次小修后进行的检修。

二、修理项目的确定和修理后的检验

① 电机员应根据不同的修理类别制订和提出不同的修理计划。

② 船舶电气设备的检验由船检决定，分为临时检验、期间检验和定期检验三种。

a. 电气设备临时检验的项目。在电气系统更换重大设备或经重大故障修理后，均需临时检验，可根据设备的具体情况进行局部或全部检验，检验后需编写检验鉴定书。

b. 电气设备期间检验的项目。正常使用的电气设备一般只需作外部检验；修理过的电气设备应进行效用试验；应急电气设备与报警系统均应作效用试验。在期间检验后应编写检验鉴定书。

c. 电气设备定期检验的项目。对船舶发电机、舵机、锚机、消防泵、舱底泵及船舶辅机的电力拖动控制系统均需作效用试验，并测量其绝缘电阻。检验配电板、配电网络、应急照明、各种报警系统是否符合安全使用的技术条件。定期检验后，应编写检验鉴定书。

三、电机员在监造新船时的工作

1. 审图

审查船舶电气系统的设计图纸是否符合国际公约的要求，是否满足造船合同设计任务书的要求；审查安装图纸，布线方式是否符合要求和便于维修；审查所选的电气设备是否符合船检要求，是否经济、合理。

2. 监造

监督厂方按设计要求选择和使用电气设备、电缆及电器元器件；监督厂方按规范进行设备安装与布线，做到安全、可靠、合理、美观、方便检修。

3. 试验

分系泊试验和航行试验两种。

(1) 系泊试验　是对泊于码头上船舶的电气设备进行试验。主要检验电气设备的安装质量和运行工况，调整各项技术指标，使之满足规范和船检的要求，并为以后的航行试验做好必要的准备。

(2) 航行试验　是船舶在系泊试验完全正常，具备安全航行条件时所进行的海上航行试验，电气部分主要配合船体、轮机部分试验船舶在航行中，离、靠码头和起、抛锚时的运行情况，同时对在系泊状况下无法试验的设备和项目进行运载试验。在系泊试验中已经进行过的项目，在航行试验时一般只观察其运行工况，检查其工作可靠性。

第五节　电机员交接班工作

一、交接内容

① 交接全船电气设备图纸、说明书等有关技术资料，如有改动或与实际设备不同的地方需予以指明。

② 交接电气工作日志、主要电气设备的维修保养记录、测量记录、原始数据、事故处理单等。

③ 交接电气设备备件，备品和常用工具清册，如有必要可当面点清。

④ 交接在外检修的电气设备单据及外借物品单据。

二、交接要求

① 交接双方对全船电气设备情况，特别是电站、舵机、起货机、锚机和蓄电池等重点设备的控制系统到设备现场作重点介绍，必要时可作现场示范操作。

② 交接双方对全船易出故障的电气设备情况应交接清楚，以使接班船员在以后工作中予以注意。

③ 交接双方对本船电气设备的有关规章制度，应变部署，救生衣存放位置要予以交待和了解，对正在进行而尚未完成的电气设备的检修工作予以交待。

④ 接班船员在交接结束后应仔细阅读本船电气设备的图纸，说明书等技术资料，熟悉船舶电站、舵机、锚机、起货机等重要电气设备的控制原理及控制开关的场所和具体位置，尽快掌握全船电气设备的情况，确保设备的正常运行。

第二部分 渔船电机操作与评估

第十三章　渔船电气操作

作为渔船电气管理中极为重要的环节，渔船电气操作应被船舶电气管理人员所熟悉掌握。本章涵盖了海洋渔业船舶常用的电气操作项目，并对各项目的操作规程步骤作了整理和概括。

项目一　船舶同步发电机的并车和解列

（一）场地及设备

可实际运行的柴油发电机组 2 台以上、船舶电站或者船舶电站模拟器。

（二）操作步骤

1. 熟悉交流同步发电机并车必须满足下列条件

（1）相序一致　待并发电机必须与电网相序一致（检查相序可用相序表），出厂时，各台发电机的相序都已检查，校对一致了，因此实际并车操作时，不必再检查相序。

（2）频率相等　待并发电机的频率应与电网频率相等。实际操作时，允许误差在 0.5 Hz 以内。

（3）相位相等　待并发电机电压相位应与电网电压相位相同。实际并车操作时，允许待并发电机相位与电网相位相差 10°～15°以内。

（4）电压相等　待并发电机电压与电网电压相等。实际操作时，待并发电机电压与电网电压之差允许在 10%以内。

2. 手动准同步并车方法

“灯光法”和“同步表法”。“灯光法”又分“灯光明暗法”和“灯光旋转法”，是据指示灯亮、暗变化情况进行并车操作的方法。实操以“同步表法”为例。

① 将船舶电站的控制模式转换到手动控制模式，优先级选择开关关闭（针对自动化船舶电站）。

② 检查待并机是否具备启动条件：冷却水、滑油、燃油、启动气源或

电源。然后启动待并机的原动机，使其加速到接近额定转速。观察待并机相关参数是否正常（电压、频率），待参数正常后手动调节待并发电机励磁电流，使其端电压与电网电压相同或稍高一点。

③ 打开同步表选择待并机，检测电网和待并发电机的差频大小和方向，通过调速开关调整待并机组转速，使其频率略高于电网频率（要求频差在 0.5 Hz 之内），观察同步表指示灯旋转方向（顺时针），旋转速度（每圈 3～5 s）。如果频差太大（频率周期小于 2 s）时并车，合闸后转速快的机组剩余动能很大，两机所产生的整步力矩可能不足以将其拉入同步，结果将由于失步产生很大冲击而导致跳闸断电。

④ 待同步表指针（或指示灯）在 11 点位置时合闸供电，且待并机不产生逆功率。绝对禁止 180°反向合闸，不能在指针转到“同相点”反向 180°处合闸。这时冲击电流最大，不仅可能照成合闸失败，而且还会引起供电的机组跳闸，造成全船断电。

⑤ 转移负载，此时待并机虽已并入电网，但从主配电板上的功率表可以看出，它尚未带负载。为此，还要同时向相反方向调整两机组的调速开关，使刚并入的发电机加速，原运行的发电机减速，在保持电网频率为额定值的条件下，使两台机组均衡负荷。

⑥ 断开同步表（同步表为短时工作制，工作时间不能超过 15 min），并车完毕。

3. 发电机的解列

① 待解列机负荷转移到并网机，负荷转移完毕（解列时功率应在 $5\%Pe < P \leqslant 10\%Pe$）。

② 将待解列机分闸解列，且不会造成逆功率。

③ 解列机按停车操作程序运行 10～15 min 停车。

④ 船舶电站控制模式由手动控制转换成自动控制。

项目二　常用仪表使用

一、万用表的使用

（一）场地及设备

指针式或数字式万用表，被测电源、电阻等。

（二）操作步骤

1. 万用表的检查

① 万用表主要有指针式（图 13-1）和数字式（图 13-2）两类。

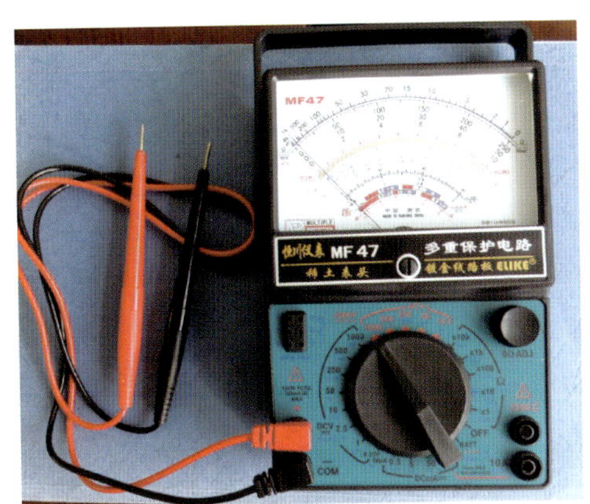

图 13-1　指针式万用表

图 13-2　数字式万用表

② 如图 2-1 所示，检查万用表两根表笔，表体上有 2～4 个孔，黑笔接到“COM”孔里，红笔按需要接入其他孔，通常情况下红笔接入“VΩ”孔中。在使用万用表之前，应先进行“机械调零”，即在没有被测电量时，使万用表指针指在零电压或零电流的位置上（图 13-3）。

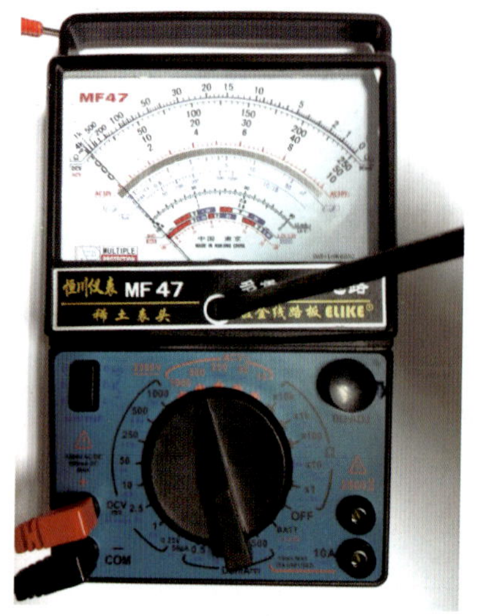

图 13-3　万用表机械调零

③ 万用表主要挡位检查

直流电压挡（DCV. V-）：测量直流电压。测量方法是：并联负载两端，红笔接高电位（正极），黑笔接低电位（负极）。

交流电压挡（ACV. V～）：测量交流电压。测量方法是：并联负载两端。

电阻挡（Ω）：测量电阻阻值，测量电阻时注意选择量程的正确性。测量方法是：并联负载两端。

直流电流挡（DCA. A-）和交流电流挡（ACA. A～）：测量直流、交流电流。测量方法是：切断线路，分别用两表串联接入。

量程挡位：供选择正确的电量挡位。

2. 用万用表测交流电压、直流电压和电阻

（1）测直流电压

① 使用前检查万用表的指针在零位。

② 根据被测电源，确定“转换开关”在直流电压挡。

③ 根据初测电压值，初步估算出应使用的电压量程挡。不确定时，由大到小调节电压量程挡位。判断电压的极性，表面上的“＋”接被测量电路的正极，“－”接负极。

④ 读取万用表的电压值（图 13-4）。

（2）测量交流电压

① 使用前检查万用表的指针在零位。

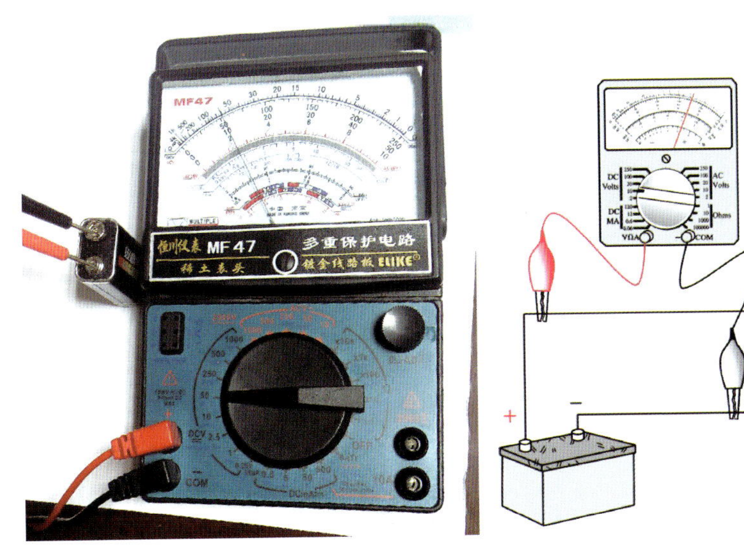

图 13-4　万用表测直流电压

② 根据被测电源，确定“转换开关”在交流电压挡。

③ 根据初测电压值，初步估算出应使用的电压量程挡。不确定时，由大到小调节电压量程挡位；万用表两表笔和被测电源并联。

④ 读取万用表的电压值（图 13-5）。

(3) 测量电阻　首先进行欧姆调零，将表棒搭在一起短路，使指针向右偏转，随即调整“Ω”调零旋钮，使指针恰好指到 0（图 13-6）；然后将两根表棒分别接触被测电阻（电路中应断电且断开电路接线）两端，读出指针在欧姆刻度线上的读数，再乘以该挡标的数字，就是所测电阻的阻值（图 13-7）。

图 13-5　万用表测量交流电压

由于“Ω”刻度线左部读数较密，难于看准，因此测量时应选择适当的欧姆挡，使指针在刻度线的中部或右部，这样读数比较清楚准确。每次换挡，都应重新将两根表棒短接，重新调整指

图 13-6 欧姆调零

针到零位，才能测准。

（4）**测直流电流** 测量直流电流时，将万用表的一个转换开关置于直流电流挡，另一个转换开关置于 50uA 到 500 mA 的合适量程上，电流的量程选择和读数方法与电压一样。测量时必须先断开电路，然后按照电流从"+"到"−"的方向，将万用表串联到被测电路中，即电流从红表笔流入，从黑表笔流出。如果误将万用表与负载并联，则因表头的内阻很小，会造成短路烧毁仪表。其读数方法是：实际值＝指示值×量程/满偏（图 13-8）。

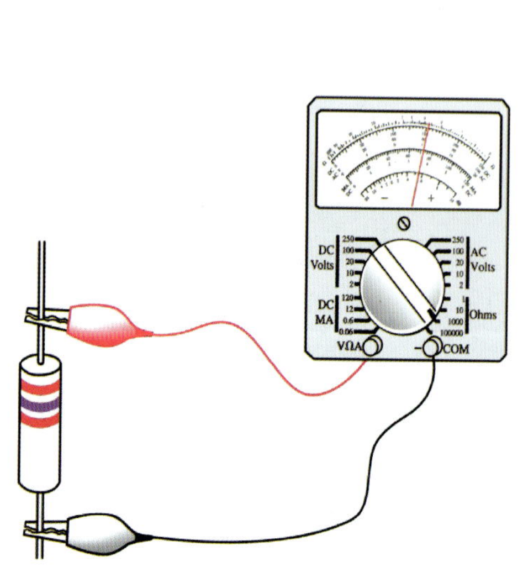

图 13-7 测电阻的阻值

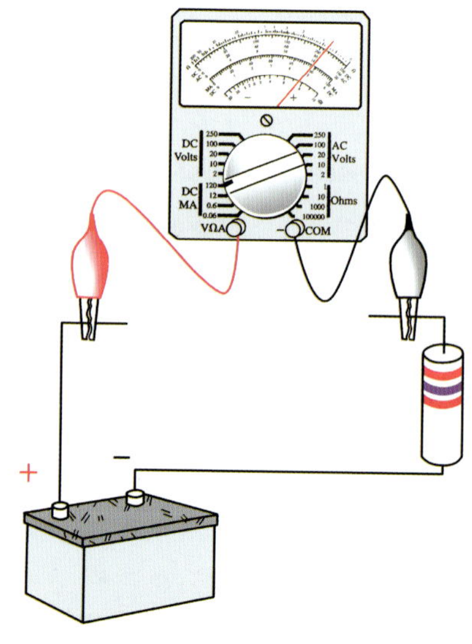

图 13-8 测量直流电流

二、钳形电流表的使用

(一) 场地及设备

钳形电流表、被测电源等。

(二) 操作步骤

1. 认识钳形电流表

基本原理：钳形电流表的结构是由开口电流互感器和电流表组成，当按下钳口扳张开钳口卡入待测负荷或电源的一根单独导线，使被测导线不必切断就可进入电流互感器的铁芯窗口，这样被测导线相当于互感器的初级绕组，而次级统组中将出现感应电流，与次级相连接的电流表指示出被测电流的数值。钳形电流表使用方便，无需断开电源和线路即可直接测量运行中电气设备的工作电流，便于及时了解设备的工作状况。图 13-9 所示为指针式钳形电流表和数字式钳形电流表。

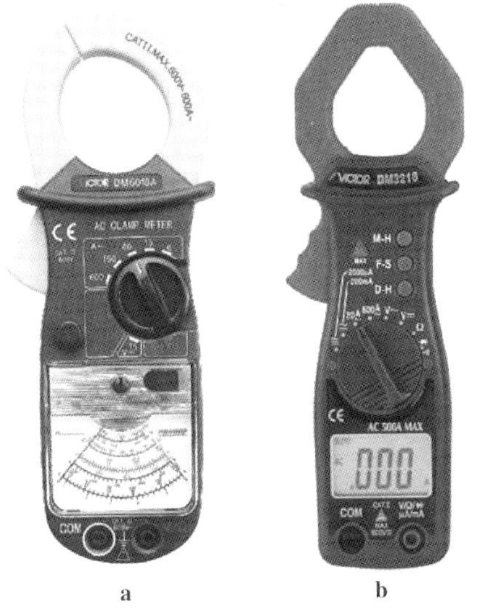

a　　b

图 13-9　钳形电流表

a. 指针式　b. 数字式

2. 使用钳形电流表应注意问题

(1) 测量前注意事项　首先是根据被测电流的种类电压等级正确选择钳形电流表，被测线路的电压要低于钳表的额定电压。测量高压线路的电流时，应选用与其电压等级相符的高压钳形电流表。低电压等级的钳形电流表只能测低压系统中的电流，不能测量高压系统中的电流。

其次是在使用前要正确检查钳形电流表的外观情况，一定要检查表的绝缘性能是否良好，外壳应无破损，手柄应清洁干燥。若指针没在零位，应进行机械调零。钳形电流表的钳口应紧密接合，若指针抖晃，可重新开闭一次钳口，如果抖晃仍然存在，应仔细检查，注意清除钳口杂物、污垢，然后进行测量。

由于钳形电流表要接触被测线路，因此钳形电流表不能测量裸导体的电流。用高压钳形表测量时，应由两人操作，测量时应戴绝缘手套，站在绝缘垫上，不得触及其他设备，以防止短路或接地。

（2）测量时注意事项　首先是在使用时应按紧扳手，使钳口张开，将被测导线放入钳口中央，然后松开扳手并使钳口闭合紧密。钳口的结合面如有杂声，应重新开合一次。如仍有杂声，则应处理结合面，以使读数准确。另外，不可同时钳住两根导线。读数后，将钳口张开，将被测导线退出，将挡位置于电流最高挡或“OFF”挡。图 13-10 所示为用钳形电流表测量线路电流。

图 13-10　钳形电流表测量线路电流

其次要根据被测电流大小来选择合适的钳型电流表的量程。选择的量程应稍大于被测电流数值，若无法估计，为防止损坏钳形电流表，应从最大量程开始测量，逐步变换挡位直至量程合适（图 13-11）。严禁在测量进行过程中切换钳形电流表的挡位，换挡时应先将被测导线从钳口退出再更换挡位。

当测量小于 5 A 以下的电流时，为使读数更准确，在条件允许时，可将被测载流导线绕数圈后放入钳口进行测量。此时被测导线实际电流值应等于仪表读数值除以放入钳口的导线圈数。

测量时应注意身体各部分与带电体保持安全距离，低压系统安全距离为 0.1～0.3 m。测量高压电缆各相电流时，电缆头线间距离

图 13-11　钳型电流表的量程选择

应在 300 mm 以上，且绝缘良好，待认为测量方便时，方能进行。观测表计时，要特别注意保持头部与带电部分的安全距离，人体任何部分与带电体的距离不得小于钳形表的整个长度。

测量低压可熔保险器或水平排列低压母线电流时，应在测量前将各相可熔保险或母线用绝缘材料加以保护隔离，以免引起相间短路。当电缆有一相接地时，严禁测量，防止出现因电缆头的绝缘水平低发生对地击穿爆炸而危及人身安全。

(3) 测量后注意事项　测量结束后钳形电流表的开关要拨至最大量程挡，以免下次使用时不慎过流，并应保存在干燥的室内。

三、便携式兆欧表的使用

(一) 场地及设备

500 V 的兆欧表、被测设备（三相异步电动机）等。

(二) 操作步骤

1. 兆欧表的选择、检查

(1) 根据不同的电气设备选择兆欧表的电压及其测量范围　对于额定电压在 500 V 以下的电气设备，应选用电压等级为 500 V 的兆欧表；额定电压在 500 V 以上的电气设备，应选用 1 000～2 500 V 的兆欧表。中、小型电动机一般分别选用 500 V、0～500 MΩ 的兆欧表。图 13-12 所示为模拟式兆欧表、数字式兆欧表、模拟/数字式兆欧表。

(2) 测试前的准备　测量前将被测设备切断电源，并短路接地放电 3～5 min，特别是电容量大的，更应充分放电以消除残余静电荷引起的误差，保证正确的测量结果及人身和设备的安全；被测物（三相异步电动机）表面应擦干净，绝缘物表面的污染、潮湿，对绝缘的影响较大，而测量的目的是为了解电气设备内部的绝缘性能，一般都要求测量前用干净的布或棉纱擦净被测物，否则达不到检查的目的。兆欧表的量程往往达几千兆欧，最小刻度在 1 MΩ 左右，因而不适合测量 100 kΩ 以下的电阻。

(3) 使用注意事项　兆欧表在使用前应平稳放置在远离大电流导体和有外磁场的地方，测量前对兆欧表本身进行检查。开路检查，两根线不要绞在一起，将发电机摇动到额定转速，指针应指在“∞”位置（图 13-13）。短路检查，将表笔短接，缓慢转动发电机手柄，看指针是否到“0”位置（图 13-14 所示）。若零位或无穷大达不到，说明兆欧表有毛病，必须进行检修。

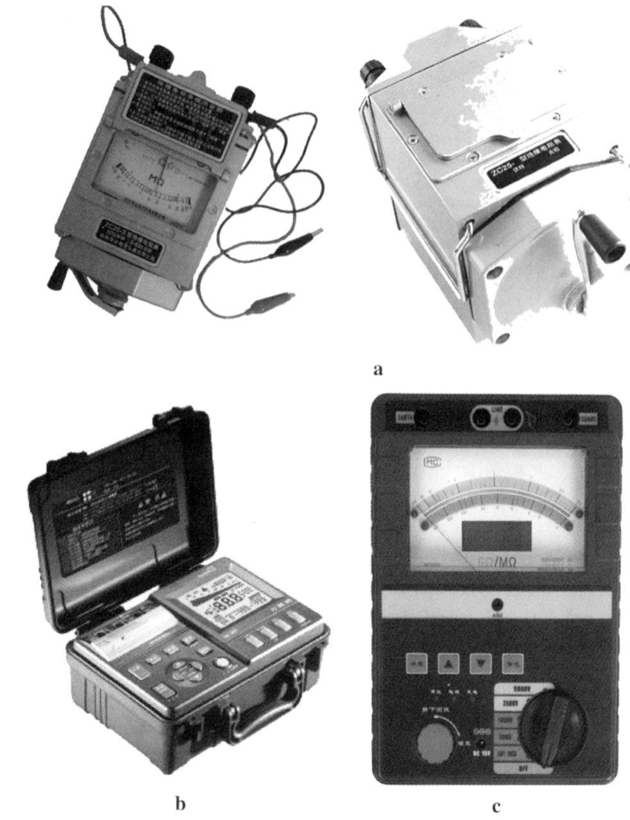

a

b　　c

图 13-12　兆欧表实物举例

a. 模拟式兆欧表　b. 数字式兆欧表　c. 模拟/数字式兆欧表

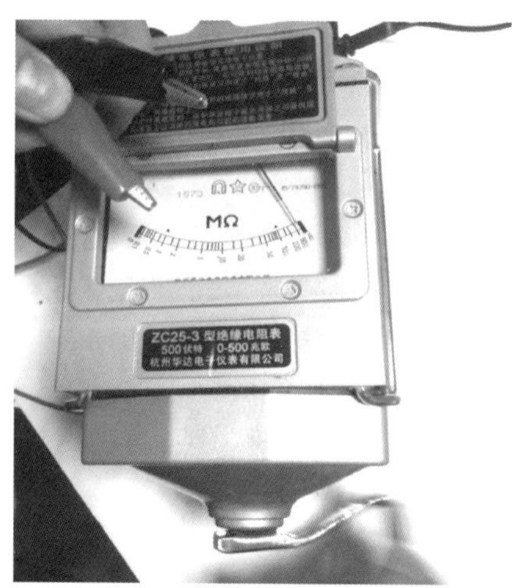

图 13-13　兆欧表开路检查

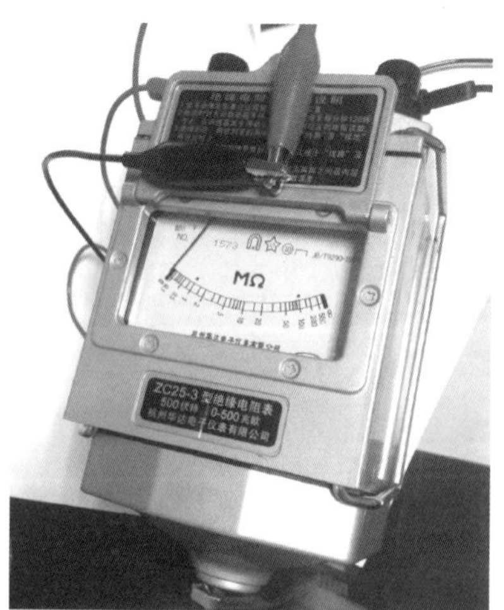

图 13-14　兆欧表短路检查

(4) 接线　一般兆欧表上有三个接线柱，“L”表示“线”或“火线”接线柱（红色引线）；“E”表示“地”接线柱（黑色引线），“G”表示屏蔽接线柱（图 13-15）。一般情况下“L”和“E”接线柱，用有足够绝缘强度的单相绝缘线将“L”和“E”分别接到被测物（三相异步电动机）导体部分（绕组）和被测物（三相异步电动机）的外壳（测绕组对地绝缘）或其他导体部分（绕组和绕组，测相间绝缘）（图 13-16 所示为测电动机绝缘的接线）。

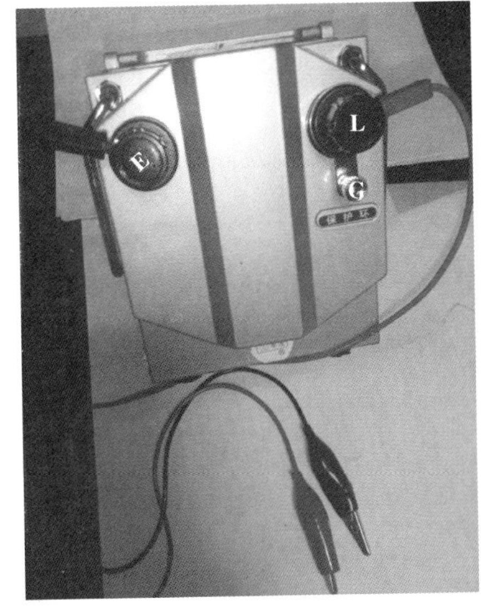

图 13-15　兆欧表外部接线

图 13-16　测电动机绝缘的接线

在特殊情况下，如被测物表面受到污染不能擦干净、空气太潮湿、或者有外电磁场干扰等，就必须将“G”接线柱接到被测物的金属屏蔽保护环上；以消除表面漏流或干扰对测量结果的影响。

2. 测量

① 顺时针摇动兆欧表使转速达到额定转速（120 r/min）并保持稳定。一般采用 1 min 以后的读数为准。正确读数，绝缘电阻是否达到标准值。

电动机的绕组间、相与相、相与外壳的绝缘电阻应≥0.5 MΩ。

若测得这相电阻是零，则说明这相已短路。

若测得这相电阻是 0.1 或 0.2 MΩ，则说明这相绝缘电阻性能已降低。电器设备的绝缘电阻是越大越好。

结论：电动机或线路的绝缘电阻性能降低、短路。需要维修，不能使用。

② 拆线工作。测量结束后，停止兆欧表的转动、拆线。

项目三　常用元器件的识别

（一）场地及设备

各种低压电器元件、电气控制箱、实际控制箱电路图等。

（二）操作步骤

1. 看懂电气控制箱电路图

① 举例图 13-17 为船舶空压机系统线路图，指出控制箱内的电器元件：低压断路器、熔断器、热继电器、交流接触器、压力继电器、时间继电器等。

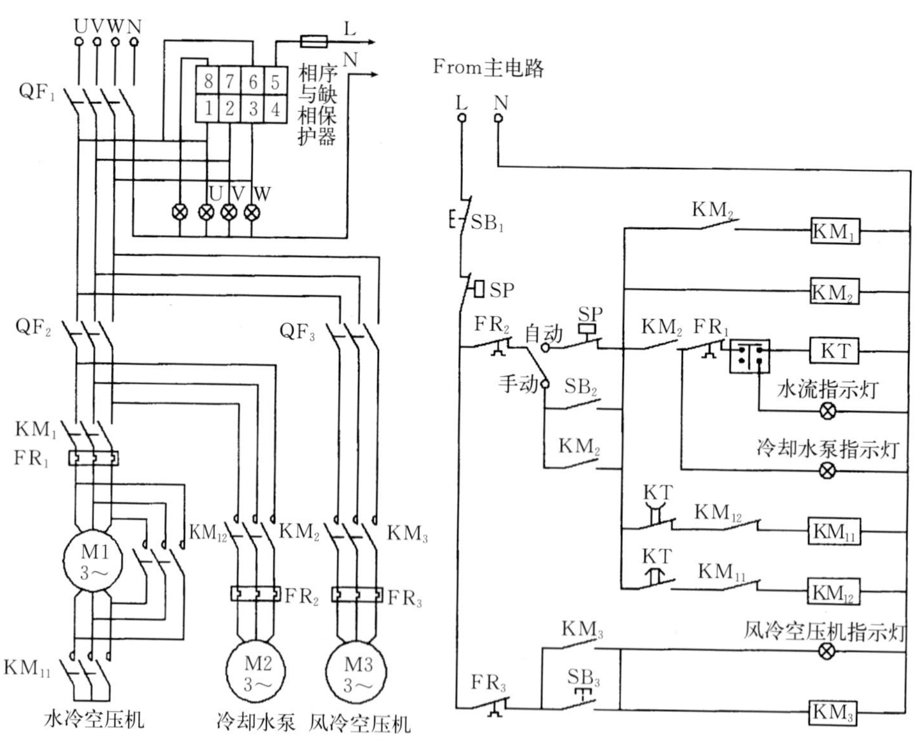

图 13-17　船舶空压机系统

电力拖动控制的电路图一般是按主电路和控制电路两部分画出，主电路用较粗的线条画在左边或上端，控制电路用细线画在右边或下端。各电器都按未通电或未受外力作用时的正常状态画出。属于同一电器的不同部件按其在电路中的作用（而不是实际的机械安装位置）用规定的符号画在不同的电路部位上、标以相同的文字符号并用数字以示区别。例如，同一个接触器的线圈、主触头和辅助触头地标以KM，按照它们的作用分别画在不同的电路中。

② 找出电路图中5个元器件的实物并说出各元件的功用。

a. 低压断路器。主要用于电路的过负荷保护、短路、欠电压、漏电压保护，也可用于不频繁接通和断开的电路。

b. 接触器、启动按钮。失压保护。

c. 热继电器。过载保护。

d. 时间继电器。电路延时控制。

e. 熔断器。主要用于电路短路保护，也用于电路的过载保护。

2. 常见低压电器的主要种类及用途、外形图及电器符号

（1）常见低压电器的主要种类及用途　见表13-1。

表13-1　常见低压电器的主要种类及用途

序号	类　别	主要品种	用　　途
1	断路器	塑料外壳式断路器	主要用于电路的过负荷、短路、欠电压、漏电压保护，也可用于不频繁接通和断开的电路
		框架式断路器	
		限流式断路器	
		漏电保护式断路器	
		直流快速断路器	
2	刀开关	开关板用刀开关	主要用于电路的隔离，有时也能分断负荷
		负荷开关	
		熔断器式刀开关	
3	转换开关	组合开关	主要用于电源切换，也可用于负荷通断或电路的切换
		换向开关	
4	主令电器	按钮	主要用于发布命令或程序控制
		限位开关	
		微动开关	
		接近开关	
		万能转换开关	
5	接触器	交流接触器	主要用于远距离频繁控制负荷，切断带负荷电路
		直流接触器	

（续）

序号	类　别	主要品种	用　　途
6	启动器	磁力启动器	主要用于电动机的启动
		星三角启动器	
		自耦减压启动器	
7	控制器	凸轮控制器	主要用于控制回路的切换
		平面控制器	
8	继电器	电流继电器	主要用于控制电路中，将被控量转换成控制电路所需电量或开关信号
		电压继电器	
		时间继电器	
		中间继电器	
		温度继电器	
		热继电器	
9	熔断器	有填料熔断器	主要用于电路短路保护，也用于电路的过载保护
		无填料熔断器	
		半封闭插入式熔断器	
		快速熔断器	
		自复熔断器	
10	电磁铁	制动电磁铁	主要用于起重、牵引、制动等
		起重电磁铁	
		牵引电磁铁	

(2) 外形图及电器符号

① 接触器。见图 13-18。

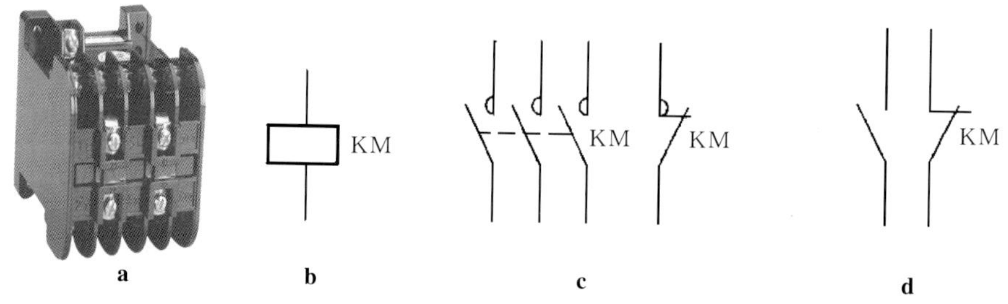

图 13-18　接触器

a. 实物图　b. 线圈　c. 常开、常闭主触点　d. 常开、常闭辅助触点

② 电磁式继电器。见图 13-19。

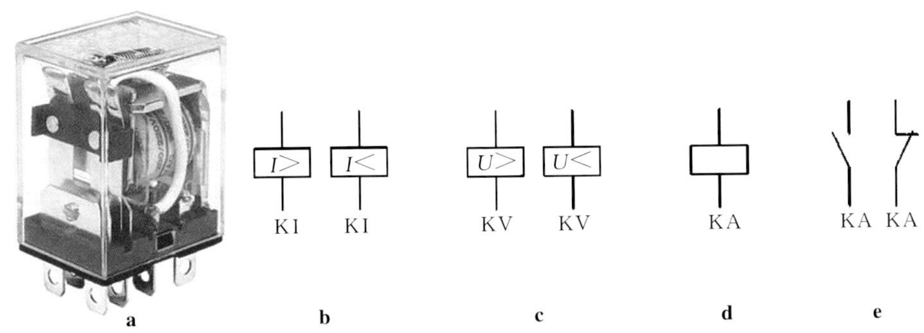

图 13-19　电磁式继电器

a. 实物图　b. 过电流、欠电流继电器线圈　c. 过电压、欠电压继电器线圈
d. 中间继电器线圈　e. 继电器常开、常闭触点

③ 时间继电器。见图 13-20。

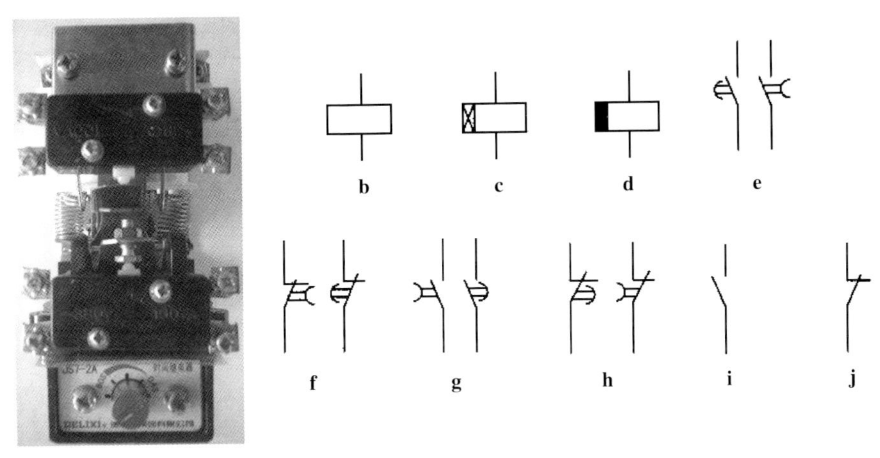

图 13-20　时间继电器

a. 实物图　b. 线圈一般符号　c. 通电延时线圈　d. 断电延时线圈　e. 延时闭合常开触点　f. 延时断开常闭触点　g. 延时断开常开触点　h. 延时闭合常闭触点　i. 瞬动常开触点　j. 瞬动常闭触点

延时接通			延时断开		
线圈	常开触点	常闭触点	线圈	常开触点	常闭触点

④ 热继电器。见图 13-21。

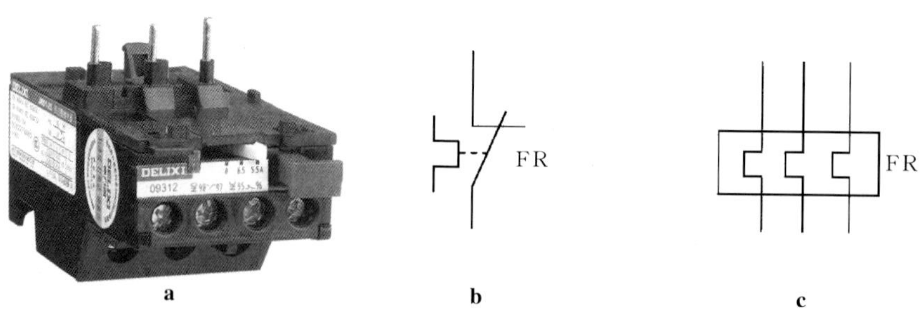

图 13-21　热继电器

a. 实物图　b. 动断触点　c. 热元件

⑤ 速度继电器。见图 13-22。

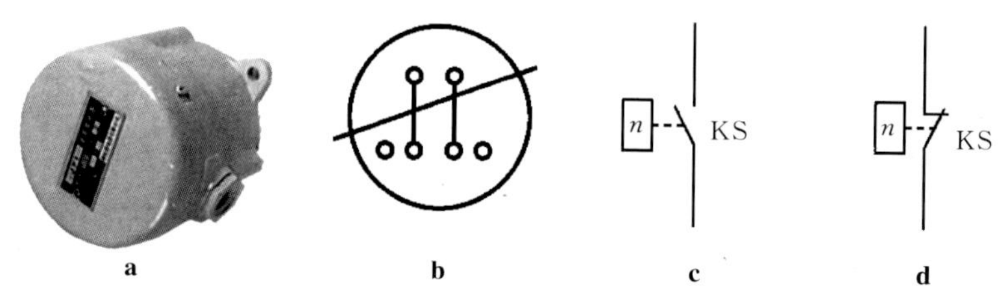

图 13-22　速度继电器

a. 实物图　b. 转子　c. 常开触点　d. 常闭触点

⑥ 按钮。见图 13-23。

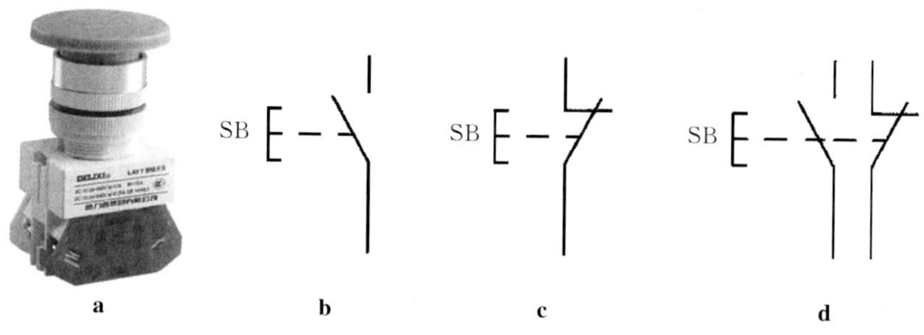

图 13-23　按　钮

a. 实物图　b. 常开按钮　c. 常闭按钮　d. 复合按钮

⑦ 行程开关。见图 13-24。

SQ　SQ　SQ

a　b　c　d

图 13-24　行程开关

a. 实物图　b. 常开触点　c. 常闭触点　d. 复合触点

⑧ 接近开关。见图 13-25。

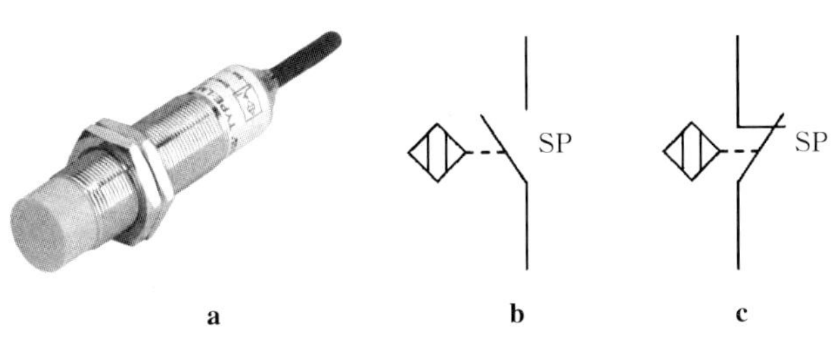

图 13-25　接近开关

a. 实物图　b. 常开触点　c. 常闭触点

⑨ 刀开关。见图 13-26。

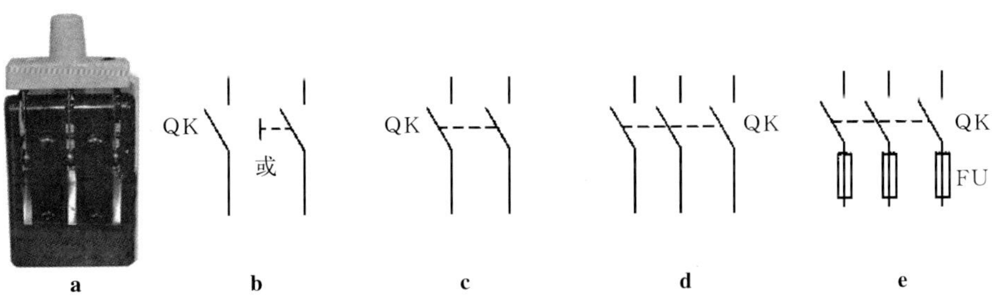

图 13-26　刀开关

a. 实物图　b. 单极　c. 双极　d. 三极　e. 三极刀熔开关

⑩ 低压断路器。见图 13-27。

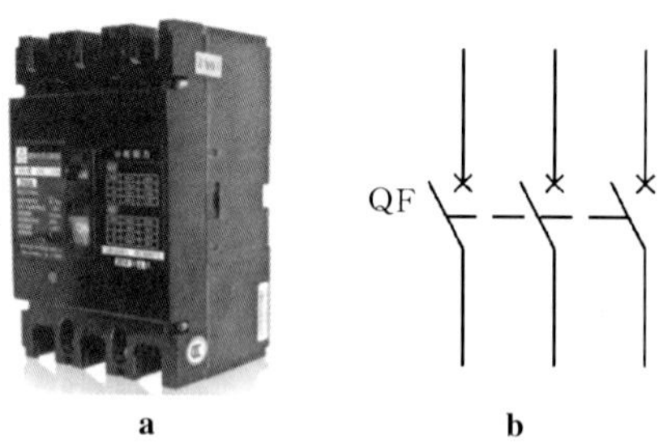

图 13-27 低压断路器

a. 实物图 b. 图形符号

⑪ 熔断器。见图 13-28。

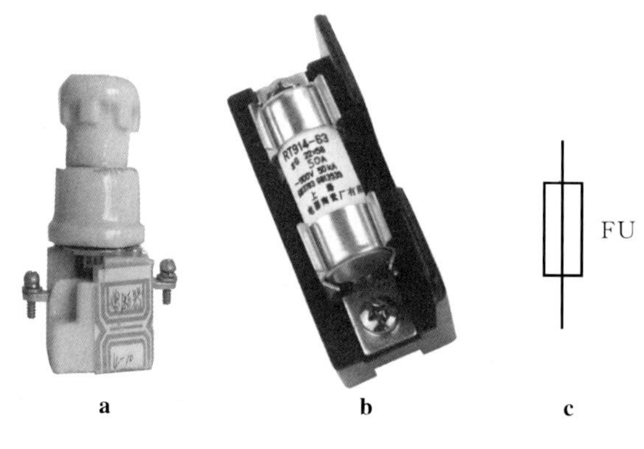

图 13-28 熔断器

a，b. 实物 c. 图形符号

项目四 蓄电池充电方法，电解液的配制

（一）场地及设备

电压 12V 容量 120AH 船用铅酸蓄电池组、配套充电机、万用表、比重计、玻璃温度计、量杯、吸管、漏斗、绝缘手套、扳手等。

（二）操作步骤

1. 熟悉蓄电池的一些充电方法

（1）恒流充电法 在充电过程中，充电电流强度始终保持不变。由于在充电工程中电池电压是逐渐升高的，因此为保持充电电流恒定，电源电压也必须逐渐升高。这种方法由于充电电流大，因此充电时间可以缩短。但因为

这种方法在充电末期，由于充电电流仍不变，大部分电流用在分解上，冒出很多气泡，所以不仅损失电能，而且容易使极板上的活性物质过量脱落，并使极板弯曲。

(2) 恒压充电法　在充电过程中，充电电始终保持不变。采用这种方法在刚开始充电时，电流大大超过正常充电电流，随着蓄电池电压的上升，电流逐渐减小。当电池电压与电源电压相等时，充电电流为零。因此采用这种充电方法可以避免蓄电池过量充电。但缺点是充电初期电流大，易使极板弯曲，活性物质脱落；充电末期电流小，使极板深处的硫酸铅不易还原。连接方式及充电特性曲线如图 13-29 所示。

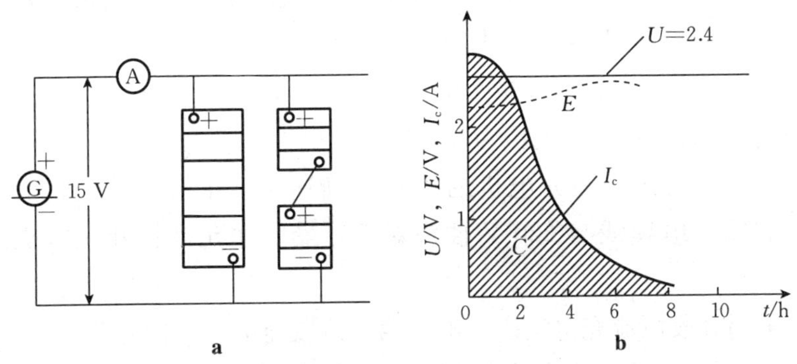

图 13-29　恒压充电法

a. 连接方式　b. 充电特性曲线

(3) 分段恒流充电法　在充电初期，蓄电池用较大电流充电；当蓄电池发出气泡，电压上升到 2.4 V 时，改用第二阶段较小电流充电。这种方法既不浪费电，又较省时间，对延长电池寿命夜间有利，时目前船舶常用的充电方法。连接方式及充电特性曲线如图 13-30 所示。

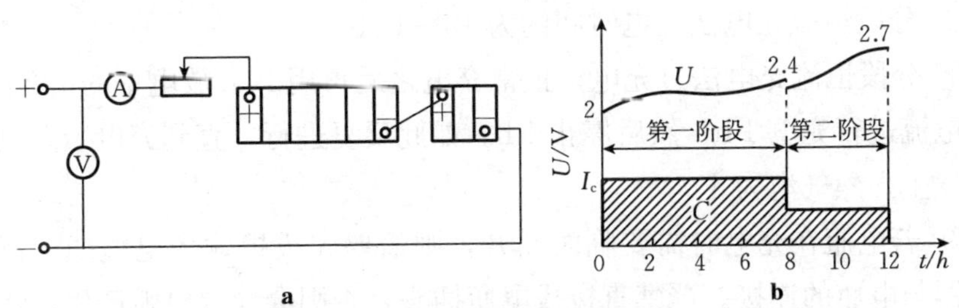

图 13-30　分段恒流充电法

a. 连接方式　b. 充电特性曲线

(4) **浮充电法** 一种连续、长时间的恒电压充电方法。足以补偿蓄电池自放电损失并能够在电池放电后较快地使蓄电池恢复到接近完全充电状态，又称连续充电。

(5) **过充电法** 铅蓄电池在运行时，往往因为长时间充电不足，过放电或其他一些原因（如短路），造成极板硫化，从而在充电过程中，使电压和硫酸比重都不易上升。出现这种情况时，可以在正常充电之后，再用 10 h 放电率的 1/2 或 3/4 的小电流进行充电 1 h，然后停止 1 h。如此反复进行，直到充电装置刚一和闸就发生强烈气泡为止。

2. 充电操作

① 充电前要先检查一下是否有液面非常低的单体，电解液的液面应高于极板 10～15 mm，如果有要先给这些单体补水。

② 用万用表测量蓄电池单个电池的电压。如果电压为 1.7～1.8 V 则蓄电池中电能已放完；如果电压为 2.6 V 则蓄电池充满电。

③ 将电池的接头与充电机的接头正确连接（正极接正极，负极接负极）；再将输入电缆线与 220 V 插头对接，最后才允许打开充电机的电源开关。

④ 采用分段恒流充电法。蓄电池第一阶段充电电流限定为 0.1～0.2 倍蓄电池的容量。这个充电电流也适合循环使用的情况，但循环使用情况的充电电压要求在 25 ℃时为每单格 2.45 V，也作为均充电压。

⑤ 每隔 2～3 h 应测量一次电压和密度，经常测量温度，控制不得高于 45 ℃，如超过要先让蓄电池降温休息，然后再进行充电。

⑥ 当蓄电池发出气泡，单格电压上升到 2.4 V（整体为 28.8 V）时，改用第二阶段较小电流充电，充电电流限定为 0.05～0.1 倍蓄电池的容量。

⑦ 分段恒流充电法充电时间约为 13～16 h。

⑧ 分段恒流充电法过充电。正常充电之后再用 10 h 放电率的 1/2 或 3/4 的小电流进行充电 1 h，然后停止 1 h。如此反复进行，直到充电装置刚一和闸就发生强烈气泡为止。

⑨ 若电瓶在充电时需要临时断开，则需要先拔掉输入电缆线，再断开充电器与电瓶的连接。严禁直接拔电瓶插头，否则会导致电弧产生，烧坏电瓶与充电器的插头。充电场所必须保持通风、要杜绝各种火种、充电期间不得检修电池，否则将会导致爆炸。

3. 电解液的配制

① 利用比重计测量蓄电池电解液的比重。打开注液塞将比重计插入，吸取少量的电解液，使比重计中的浮标浮起，确信浮标顶端不要碰到橡皮球和管的外壁。将比重计竖直放置，眼睛水平注视液面凹处，浮标上的刻度即为比重的数值（图 13-31）。电解液的比重与温度有关，应测量电解液的温度。常温下如果密度为 1.275～1.31g/cm³ 则电池充满电；如果密度为 1.13～1.18 g/cm³ 则电池电能已放完。

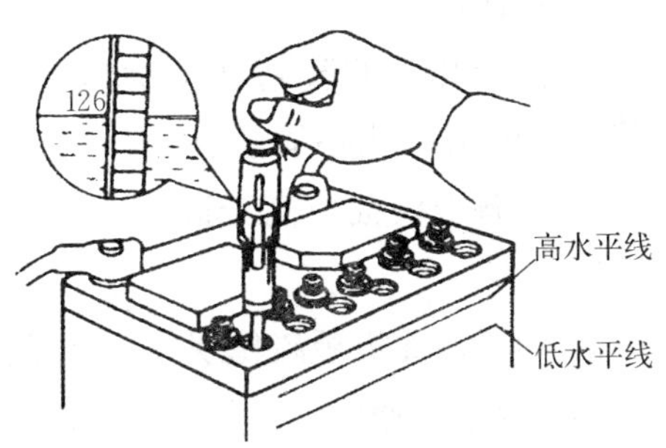

图 13-31　比重计测量蓄电池电解液的比重

② 电解液应由蓄电池硫酸与蒸馏水（或净化水）配制而成。由于硫酸是强氧化剂，它与水有亲和作用，溶于水时放出大量的热量，因此操作人员要戴上护目镜、耐酸手套，穿胶鞋或靴子，围好橡皮围裙。盛装电解液的容器，必须用耐酸、耐温的塑料、玻璃、陶瓷、铅质等器皿。配制前，要将容器清洗干净，为防酸液溅到皮肤上，先准备好 5%氢氧化铵或碳酸钠溶液及一些清水，以防万一溅上酸液时，可迅速用所述的溶液擦洗，再用清水冲洗。

③ 配制时先估算好浓硫酸和水的需要量，把水先倒入容器内，然后将浓硫酸缓缓倒入水中，并不断搅拌溶液。严禁将蒸馏水倒入浓硫酸中（此反应放出大量热），以免飞溅烫伤。

④ 电解液在配制过程中要产生热量，刚配制好的电解液，温度较高，必须冷却到 10～30 ℃时（否则充电时有害蓄电池），灌入蓄电池，高温或低温的电解液对蓄电池性能会有影响。电解液的液面应高于极板 10～15 mm，则注入的电解液易被极板所吸收。

⑤ 因电解液注入蓄电池内发热，因此需将蓄电池静置 6～8 h 待冷却到 35 ℃以下方可进行充电。但注入电解液后到充电的时间不得超过 24 h。

4. 蓄电池的维护保养知识

① 电池在使用过程中，必须保持清洁。在充电完毕并旋上注液孔旋塞后，可用蘸有碳酸钠溶液的抹布擦去电池外壳、盖子和铅横条上的酸液和灰尘。

② 电极桩头、夹子和铁质提手等零件表面应经常有一层薄凡士林油膜。

如有氧化物必须刮除，并涂上凡士林，以防再锈蚀。接线夹子和电极桩头必须保持紧密接触。

③ 注液孔上的胶塞必须旋紧，以免船舶航行时因震动使电解液泼出，但胶塞上的透气孔必须畅通。

④ 电解液液面应高于极板上缘 10～15 mm，每隔 15～20 d 应检查一次电解液高度。

⑤ 为了消除极板硫化现象，不经常使用的电池应按时进行充电和定期进行全容量放电（通常为每月进行一次），以使作用物质得到充分均匀的活动。

⑥ 当蓄电池充电和放电，应分别计算出“充入容量”或“放出容量”，避免放电后充电不足。放电后应及时进行充电，充电过程中电解液温度不得超过规定值。

⑦ 蓄电池室应严禁烟火，并保持通风良好。

⑧ 发现电解液密度不正常时，应酌情调整，一般应每周检查一次。

项目五　异步电动机故障排除

一、三相异步电动机不能启动故障的原因判断与处理

（一）场地及设备

能正常启动三相异步电动机及磁力启动控制箱、万用表、电工工具。

（二）操作步骤

针对已经安装好的原正常运行的电动机，按以下三种情况操作。

1. 通电后电动机不能转动，但无异响，也无异味和冒烟

（1）电源未通（至少两相未通）　检查电源回路开关，熔丝、接线盒处是否有断点，修复。

（2）熔丝熔断（至少两相熔断）　检查熔丝型号、熔断原因，更换熔丝。

（3）控制线路故障　分析控制线路图原理，检查排除控制线路故障。

（4）电机已经损坏　检查电机，修复。

2. 通电后电动机不转，然后熔丝烧断

（1）缺一相电源　检查刀闸是否有一相未合好，或电源回路有一相断线。

（2）定子绕组相间短路　查出短路点，予以修复。

（3）定子绕组接地　消除接地。

(4) 熔丝截面过小　更换熔丝。

(5) 电源线短路或接地　消除接地点。

3. 通电后电动机不转，有嗡嗡声

(1) 定子、转子绕组有断路（一相断线）或电源一相失电。查明断点，予以修复。

(2) 电源回路接点松动，接触电阻大。紧固松动的接线螺栓，用万用表判断各接头是否假接，予以修复。

(3) 电动机负载过大或转子卡住。减载或查出并消除机械故障。

(4) 电源电压过低。是否由于电源导线过细等使压降过大，予以纠正。

(5) 小型电动机装配太紧或轴承内油脂过硬，轴承卡住。重新装配使之灵活；更换合格油脂，修复轴承。

二、三相异步电动机启动后转速低且显得无力故障的原因判断与处理

（一）场地及设备

能正常启动三相异步电动机及磁力启动控制箱、万用表、电工工具。

（二）操作步骤

电动机启动后转速低且显得无力故障的原因分析及处理：

① 电源电压过低时，测量电源电压，排除电源故障。

② 电机刚修理后△接法误接为Y接法时，纠正接法。

③ 笼形转子开焊或断裂时，检查开焊和断点并修复。

④ 电机刚修理后定子、转子局部线圈错接、接反时，查出误接处，予以改正。

⑤ 电机负荷过重时，找出原因，减少负荷。

⑥ 启动后出现单相运行时，检查线路，查明断点，予以修复。

三、三相异步电动机温升过高故障的原因判断与处理

（一）场地及设备

能正常启动三相异步电动机及磁力启动控制箱、万用表、电工工具。

（二）操作步骤

三相异步电动机温升过高的故障原因分析和排除：

① 电源电压过低，使电动机在额定负载下造成温升过高。如因电源电

压过低而出现温升过高时，可用电压表测量负载及空载时的电压；如负载时电压降过大，即应换用较粗的电源线以减少线路压降。如果是空载电压过低则应检查调整电源电压。

② 电动机过载或负载机械润滑不良，阻力过大而使电动机发热。如果故障原因为电动机过载，则应减轻负载、并改善电动机的冷却条件（例如用鼓风机加强散热）或换用较大容量的电动机，以及排除负载机械的故障和加润滑脂以减少阻力等。

③ 电源电压过高，当电动机在额定负载下，因定子铁芯磁密过高而使电动机的温升过高。适当降低电源电压。

④ 电动机启动频繁或正、反转次数过多。适当减少电动机的启动及正、反转次数，或者更换能适应于频繁启动和正、反转工作性质的电动机。

⑤ 定子绕组有小范围短路或有局部接地，运行时引起电动机局部发热或冒烟。定子绕组短路或接地故障，可用万用表、短路侦察器及兆欧表找出故障确切位置后，视故障情况分别采取局部修复或进行整体更换。

⑥ 鼠笼转子断条或绕线转子绕组接线松脱，电动机在额定负载下转子发热而使电动机温升过高。鼠笼转子断条故障可用短路侦察器结合铁片、铁粉检查，找出断条位置后作局部修补或更换新转子。绕线转子绕组断线故障可用万用表检测，找出故障位置后重新焊接。

⑦ 电动机通风不良或环境温度过高，致使电动机温升过高。仔细检查电动机的风扇是否损坏及其固定状况，认真清理电动机的通风道，并且隔离附近的高温热源和不使其受日光的强烈暴晒。

⑧ 电动机定、转子铁芯相擦而使温升过高。用挫刀细心挫去定、转子铁芯上硅钢片的突出部分，以消除相擦。如轴承严重损坏或松动则需更换轴承，若转轴弯曲则需拆出转子进行转轴的调直校正。

四、三相异步电动机运行时振动过大故障的原因判断与处理

（一）场地及设备

能正常启动三相异步电动机及磁力启动控制箱、万用表、电工工具。

（二）操作步骤

三相异步电动机运行时振动过大故障的原因分析与排除：

① 由于磨损，轴承间隙过大。排除：检查轴承，必要时更换。

② 气隙不均匀。排除：调整气隙，使之均匀。

③ 转子不平衡。排除：校正转子动平衡。

④ 转轴弯曲。排除：校直转轴。

⑤ 铁芯变形或松动。排除：校正重叠铁芯。

⑥ 联轴器（皮带轮）中心未校正。排除：重新校正，使之符合规定。

⑦ 风扇不平衡。排除：检修风扇，校正平衡，纠正其几何形状。

⑧ 机壳或基础强度不够。排除：进行加固。

⑨ 电动机地脚螺丝松动。排除：紧固地脚螺栓。

⑩ 笼形转子开焊、断路、绕组转子断路。排除：修复转子绕组。

⑪ 定子绕组故障。排除：修复定子绕组。

⑫ 电动机单相运行。

五、三相异步电动机轴承过热故障的原因判断与处理

（一）场地及设备

能正常启动三相异步电动机及磁力启动控制箱、万用表、电工工具。

（二）操作步骤

分析三相异步电动机轴承过热故障的原因及排除故障：

① 润滑脂过多或过少。按规定加润滑油脂（容积的 1/3～2/3）。

② 油质不好含有杂质。更换为清洁的润滑油脂。

③ 轴承与轴颈或端盖配合不当。过松可用黏结剂修复。

④ 轴承盖内孔偏心，与轴相擦。修理轴承盖，消除相擦点。

⑤ 电动机与负载间联轴器未校正，或皮带过紧。重新装配。

⑥ 轴承间隙过大或过小。重新校正，调整皮带张力；更换新轴承。

⑦ 电动机轴弯曲。矫正电机轴或更换转子。

项目六　三相异步电动机绕组的绕制及绝缘处理

一、三相异步电动机绕组的绕制

（一）场地及设备

三相异步电动机、绕线机、绕线模、划线板、压线板、电工工具等。

（二）操作步骤

① 打开接线端子盒记录这台电机的接线方法。三相异步电动机三相绕组连接的方法，通常有两种：一种为星形接法，又称Y形接法；另一种为三角形接法，又称△接法（图 13-32）。

② 拆开电机记录电机槽数极数、铁芯的大小尺寸及接线方式（图 13-33 所示为电动机定子及定子铁芯）。

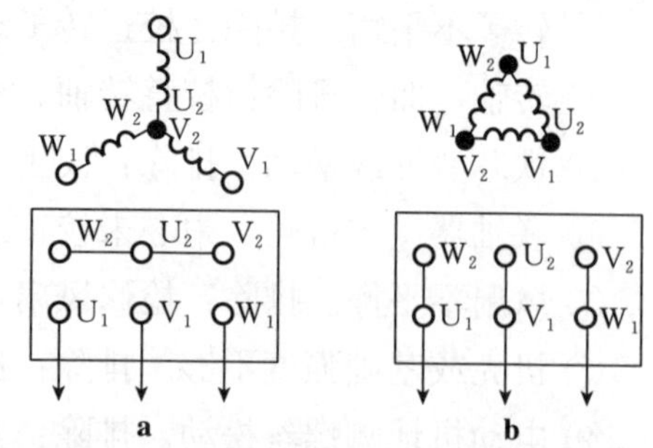

图 13-32 三相异步电动机三相绕组连接的方法

a. 星形接法 b. 三角形接法

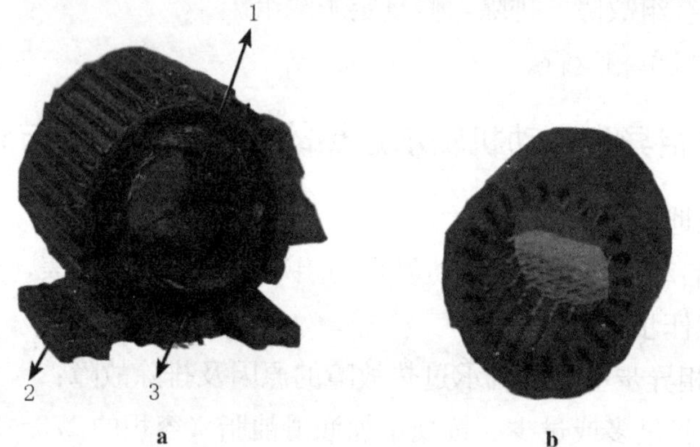

图 13-33 电动机定子及定子铁芯

a. 定子 b. 定子铁芯

1. 定子铁芯 2. 机座 3. 定子绕组

a. 按线圈节距判断电动机极数。线圈节距在设计时总是选择接近或等于电动机的极距，如 2 极电动机，线圈节距大约等于圆周的 1/2；8 极电动机，线圈节距约等于定子圆周的 1/8。

b. 单层绕组的每个槽内只放置一个线圈边，因此电动机的线圈总数等于定子槽数的一半。单层链式绕组是由几个几何尺寸和节距都相同的线圈连接而成，就整个外形来说，形如长链，故称为链式绕组。单层绕组分为链式绕组、交叉式绕组和同心式绕组。

c. 双层绕组分叠绕组、波绕组。绕组嵌线时，相邻的两个串联线圈中，后一个线圈紧“迭”在前一个线圈上，这种绕组称为迭绕组。把所有同一极性下属于同一相的线圈按波浪形依次串联起来，组成一组；再把所有另一极性下属于同一相的线圈按波浪形依次串联起来，组成另一组；最后把这两大

组线圈根据需要串联或并联，构成一相绕组，称为波绕组。

d. 线圈与线圈的连接方法有反串联和顺串联两种。当每相绕组中线圈组的数目等于电动机磁极数时，每相绕组中各线圈之间的连接次序就是首端接首端，尾端接尾端，即反串联；当每相绕组中线圈组的数目等于电动机磁极数的一半时，每相绕组中各线圈之间的连接次序是首端接尾端，即顺串联。

③ 拆开绕组记录匝数圈数及线径每匝的周长同时查看匝间的连接方式。

a. 绕线模尺寸的确定。在线圈嵌线过程中，有时线圈嵌不下去，或嵌完后难以整形；线圈端部凸出，盖不上端盖，即便勉强盖上也会使导线与端盖相碰触而发生接地短路故障。这些都是因为绕线模的尺寸不合适造成的。绕线模的尺寸选得太小会造成嵌线困难；太大又会浪费导线，使导线难以整形且绕组电阻和端部漏抗都增大，影响了电动机的电气性能。因此，绕线模尺寸必须合适。

b. 选择绕线模的方法。在拆线时应保留一个完整的旧线圈，作为选用新绕组的尺寸依据。新线圈尺寸可直接从旧线圈上测量得出。然后用一段导线按已决定的节距在定子上先测量一下，试做一个绕线模模型来决定绕线模尺寸。端部不要太长或太短，以方便嵌线为宜。

④ 按照记录的数据绕制新绕组线，捆扎。

a. 新绕组所用导线的粗细、绕制匝数及导线面积，应按原绕组的数据选择。

b. 检查一下导线有无掉漆的地方，如有，需涂绝缘漆，晾干后才可绕线。

c. 绕线前将绕线模正确地安装在绕线机上，用螺钉拧紧，导线放在绕线架上，将线圈始端留出的线头缠在绕线模的小钉上。

d. 摇动手柄，从左向右开始绕线。在绕线的过程中，导线在绕线模中要排列整齐、均匀，不得交叉或打结，并随时注意导线的质量，如果绝缘有损坏应及时修复。

e. 若在绕线过程中发生断线，可在绕完后再焊接接头，但必须把焊接点留在线圈的端接部分，而不准留在槽内。因为在嵌线时槽内部分的导线要承受机械力，容易被损坏。

f. 将扎线放入绕线模的扎线口中，绕到规定匝数时，将线圈从绕线槽上取下，逐一清数线圈匝数，不够的添上，多余的拆下，再用线绳扎好。然后按规定长度留出接线头，剪断导线，从绕线模上取下即可。

g. 采用连绕的方法可减少绕组间的接头。把几个同样的绕线紧固在绕线机上，绕法同上，绕完一把用线绳扎好一把，直到全部完成。按次序把线圈从绕线模上取下，整齐地放在搁线架上，以免碰破导线绝缘层或把线圈搞脏、搞乱，影响线圈质量。

h. 绕线机长时间使用后，齿轮啮合不好，标度不准，一般不用于连绕；用于单把绕线时也应即时校正，绕后清数，确保匝数的准确性。

⑤ 按照相应的顺序一匝一匝地下，全部完成后垫相间绝缘纸。嵌线的基本方法如下：

a. 为了保证电动机的质量，新绕组的绝缘必须与原绕组的绝缘相同。小型电动机定子绕组的绝缘，一般用两层 0.12 mm 厚的电缆纸，中间隔一层玻璃（丝）漆布或黄蜡绸。绝缘纸外端部最好用双层，以增加强度。槽绝缘的宽度以放到槽口下角为宜，下线时另用引槽纸。如果是双层绕组，则上下层之间的绝缘一定要垫好，层间绝缘宽度为槽中间宽度的 1.7 倍，使上下层导线在槽内的有效边严格分开。为了方便，不用引槽纸也可以，只要将绝缘纸每边高出铁芯内径 25～30 mm 即可。线圈端部的相间绝缘可根据线圈节距的大小来裁制，保持相间绝缘良好。

b. 嵌线是电机装配中的主要环节，必须按特定的工艺要求进行。包括嵌线、压导线、封槽口、端部相间绝缘、端部整形、包扎。端部整形后，用白布带对绕组线圈进行统一包扎，因为虽然定子是静止不动的，但电动机在启动过程中，导线将受电磁力的作用而掀动。

⑥ 按照记录的连接方式连接匝间接线做引线，捆扎绕组接好引线。下线完毕后，把线圈的组与组连接起来，根据电动机的磁极数和绕组数，按照绕组的展开图把每相绕组顺次连接起来，组成一个完整的三相绕组线路，将三相绕组的 6 个线端（其中有 3 个首端、3 个尾端），按星形或三角形连接到接线排上。

⑦ 用兆欧表测量电机相间、相与壳的绝缘有无短路现象。

⑧ 加温浇漆。

二、三相异步电动机绕组的绝缘处理

（一）场地及设备

三相异步电动机、热风机、灯泡、交流电源、变压器、兆欧表、电工工具等。

（二）操作步骤

(1) 口述电机受潮处理时提高绝缘的方法　主要有：烘箱干燥法、热风

干燥法、灯泡干燥、电流干燥、铁损干燥等；已浸过水的电机不可用电流干燥、铁损干燥；干燥时，无论采用何种方法，必须随时测量温度和绝缘电阻，并做好记录。烘烤温度据绝缘等级来定，用温度计测量绕组温度时，A级绝缘不得超过 70 ℃，E 级和 B 级不得超过 90 ℃；如用电阻法测量时，A级不得超过 90 ℃，E 级和 B 级不得超过 110 ℃。干燥开始应每隔 30 min 测一次温度和绝缘电阻，温度稳定每隔 1 h 测量一次绝缘电阻。当绝缘电阻达 5 MΩ 以上而不变化即可停止烘干。

(2) 对电动机绕组进行烘干的方法

① 循环热风干燥法。用隔热材料做成一个干燥室（如用耐火砖砌筑），上面留有出风口，侧面有进风口。进风口与加热室相连通，加热室内绝缘地设置 3 kW 左右的 220 V 电炉丝（加热室也可采用其他方法加热）。加热室可用铁皮做成，用吹风机把加热室内热风吹入干燥室把电动机绕组烘干。干燥室热风温度控制在 100 ℃左右。

② 电流干燥法。将电机定子绕组按一定的接线方式连接，再给线圈中通入电流，利用绕组本身的铜耗发热进行烘烤干燥。主要接线方式有串联加热式、星形加热式、三角形加热式等。不管那种方式，每相绕组所分配到的烘烤电流应控制在它额定电流的 60%～80%，通电 6～8 h，绕组温度达 70～80 ℃为宜。

③ 灯泡烘干法。用红外线灯泡或一般灯泡使灯光直接照射到电机定子绕组上，改变灯泡功率，即可改变温度。也可通过测量铁芯温度控制绕组温度，并随时测量电机的绝缘电阻，等达到要求后即可停止干燥。

④ 铁损干燥法。用绝缘导线穿绕在电机定子铁芯上，接上交流电源产生交变磁通，在定子铁芯中形成涡流，使定子铁芯发热，烘干电机。

⑤ 烘箱干燥法。将电机整体（最好把定子和转于拆开）放到烘箱（炉）中逐渐升温烘烤。烘箱（炉）应能通风，以便带走电机内的潮气，并且最好是夹层的，里层放电机，在外层加热。里层的温度保持在 90～100°C，而且不能有明火、烟尘及其他可燃性和腐蚀性气体存在。一般要求连续烘烤 8～18 h，中间可测量几次电机的绝缘电阻值，直至达到规定值并且稳定为止。

(3) 口述处理后绝缘电阻值仍达不到要求时的处理方法 用万用表、兆欧表检查电动机绕组是否存在短路、搭壳现象，如没有则继续干燥处理。

项目七　交流电动机解体与装配

（一）场地及设备

三相异步电动机一台、万用表、兆欧表、钳形表、低压电源、拉具一套、扳手等常用工具、手锤、电工工具、紫铜棒一根、刷子、煤油、钠基润滑脂、绝缘套管、绝缘纸。

（二）操作步骤

1. 三相异步电动机的拆卸

（1）拆卸前的准备

① 备齐拆装工具，特别是拉具、套筒、铜棒等专用工具。

② 做好标记，标出电源线在接线盒中的相序。

③ 标出联轴器或皮带轮与轴台的距离。

④ 标出端盖、轴承、轴承盖和机座的负荷端与非负荷端。

⑤ 标出机座在基础上的准确位置。

⑥ 标出绕阻引出线在机座上的出口方向。

⑦ 拆除电源线和保护接地线。

⑧ 拆下地脚螺母，将电动机拆离基础并运至解体现场，若机座与基础之间有垫片，应做好记录并妥善保存。

（2）拆卸步骤

① 拆下皮带轮或联轴器，卸下电动机尾部的风罩。

② 拆下电动机尾部扇叶。

③ 拆下前轴承外盖和前、后端盖紧固螺钉。

④ 用木板（或铅板、铜板）垫在转轴前端，用榔头将转子和后端盖从机座中敲出。若使用的是木榔头，可直接敲打转轴前端。

⑤ 从定子中取出转子。

⑥ 用木棒伸进定子铁芯，顶住前端盖内侧，用榔头将前端盖敲离机座。最后拉下前后轴承内盖。

（3）异步电动机主要部件的拆卸方法

① 联轴器或皮带轮的拆卸。先旋松皮带轮上的定位螺钉或定位销，在皮带轮或联轴器内孔和转轴结合部分加入煤油或柴油，再用拉具钩住联轴器或皮带轮缓缓拉出。

② 轴承的拆卸

a. 在转轴上拆装轴承　方法之一是用拉具按拆皮带轮的方法将轴承从轴上拉出。方法之二是在没有拉具的情况下，用端部呈楔形的铜棒，在倾斜方向顶住轴承内圈，边用榔头敲打，边将铜棒沿轴承内圈移动，以使轴承周围均匀受力，直到卸下轴承。方法之三是用两块厚铁板在轴承内圈下边夹住转轴，并用能容纳转子的圆筒或支架支住，在转轴上端垫上厚木板或铜板，敲打取下轴承。

b. 在端盖内拆卸轴承　有的电动机端盖轴承孔与轴承外圈的配合比轴承内圈与转轴的配合更紧，在拆卸端盖时，使轴承留在端盖轴承孔中，拆卸时将端盖止口面向上平稳放置，在端盖轴承孔四周垫上木板，但不能抵住轴承，然后用一根直径略小于轴承外沿的铜棒或其他金属棒，抵住轴承外圈，从上方用榔头将轴承向下敲出。

③ 端盖的拆卸。拆卸端盖前应检查其与机座的紧固件是否齐全，端盖是否有损伤，并在端盖与机座结合处做好对正记号。然后拧下前后轴承盖螺丝，取下前、后轴承外盖，再卸下前后端盖紧固螺丝。如果是中型以上电动机，端盖上备有顶松螺丝，可对顶松螺丝均匀加力，将端盖从止口中顶出。没有顶松螺钉的端盖，可用螺丝刀或撬棍在周围接缝中均匀加力，将端盖撬出止口。若是拆卸小型电动机，在轴承盖螺丝和端盖螺丝全部拆掉后，可双手抱住电动机，使其竖直，轴头长端向下，利用自身重力，在垫有厚木板的地面上轻轻一触，就可松脱端盖。

④ 从定子中抽出转子。在抽出转子前，应在转子下面气隙和绕阻端部吊好或垫上厚纸板，以免抽出转子时，碰伤绕阻或铁芯。对于 30 kg 以内的转子，可直接用手抽出。更重的转子用起重装置吊出。

2. 电动机的装配

(1) 装配前的准备

① 认真检查装配工具是否齐备、合用。

② 检查装配环境，场地是否清洁、合适。

③ 彻底清扫定子、转子内表面的尘垢、漆瘤。

④ 用灯光检查气隙、通风沟、止口处和其他空隙有无杂物，如有则必须清除干净。

⑤ 检查槽楔、绑扎带和绝缘材料是否到位，是否有松动、脱落，有无高出定子铁芯表面的地方，若有应清除。

⑥ 检查各相定子绕阻的冷态直流电阻是否基本相同，各相绕阻对地绝缘电阻和相间绝缘电阻是否符合要求。

（2）装配步骤　原则上与拆卸步骤相反。

（3）笼型异步电动机主要零部件的装配方法

① 轴承的装配

a. 装配前检查轴承滚动件是否转动灵活而又不松动。再检查轴承内圈与轴颈、外圈与端盖轴承座孔之间的配合情况和光洁度是否符合要求。

b. 转轴中按其中总容量的 1/3～2/3 的容积加足润滑油。注意若润滑油加得过多，会导致运转中轴承发热等弊病。

c. 轴承内盖油槽加足润滑脂，先套在轴上，然后再装轴承。为使轴承内圈受力均匀，可用一根内径比转轴外径大而比轴承内圈外径略小的套筒抵住轴承内圈，将其敲打到位。若找不到套筒，可用一根铜棒抵住轴内圈，沿内圈圆周均匀敲打，使其到位示。如果轴承与轴颈配合过紧，不易敲打到位，可将轴承加热到 100 ℃左右，趁热迅速套上轴颈。安装轴承时，标号必须向外，以便下次更换时查对轴承型号。

② 端盖的装配

a. 后端盖的装配。转轴较短的一端是后端。后端盖应装在这一端的轴承上。装配时将转子竖直放置，使后端盖轴承座孔对准轴承外圈套上，然后一边使端盖在轴上缓慢转动，一边用木榔头均匀敲打端盖的中央部分。如果用铁锤，被敲打面必须垫上木板，直到端盖到位为止，然后套上后轴承外盖（有的端盖无外盖），旋转轴承盖紧固螺丝。按拆卸时所作的标记，将转子送入定子内腔中，合上后端盖，按对角交替的顺序拧紧后端盖紧固螺丝，在拧紧螺丝过程中，不断用木榔头在端盖靠近中央部分均匀敲打直到到位。

b. 前端盖的装配。将前轴承内盖与前轴承按规定加足润滑油，参照后端盖的装配方法将前端盖装配到位。装配前先用螺丝刀清除机座和端盖止口上的杂物和锈斑，然后装在机座上，按对角交替顺序旋紧螺丝。

（4）装配完工后的检验

① 检查机械部分所有紧固螺丝是否拧紧，转子转动上是否灵活，无扫膛、无松动；轴承内是否有杂声；机座在基础上是否复位准确，安装牢固，与生产机械的配合是否良好。

② 检测三相绕阻每相对地绝缘电阻和相间绝缘电阻，其阻值不得小于 0.5 MΩ。

③ 测量空载电流按铭牌要求接好电源线，在机壳上接好保护接地线，接通电源，用钳形电流表检测三相空载电流，看是否符合允许值。

④ 检查电动机温升是否正常，运转中有无异响。

项目八　发电机主开关跳闸的应急处理

（一）场地及设备

可实际运行的柴油发电机组 2 台以上、船舶电站或者船舶电站模拟器。

（二）操作步骤

1. 常规电站单机运行时跳闸电网失电的应急处理

① 单机运行发电机运行时跳闸应根据配电屏或主控台上闪光报警指示灯或参数来判断跳闸故障，查看发生跳闸机组控制屏上的电压表和频率表是否正常。

② 如果正常进行试合闸；如果试合闸不成功，确实无法判断故障原因，则启动其他备用机组合闸投入电网运行，然后查找跳闸原因。

③ 如果发生跳闸机组控制屏上的电压表和频率表都为零或是原动机已经停机，说明是发电机组出现了机械方面的故障，这时要立刻启动备用机组投入电网运行。然后结合报警指示灯来判断具体故障原因，进行检修和维护。

④ 最后把检修好的发电机设置在备用状态。

2. 常规电站在并车操作时发生主开关跳闸导致电网失电的应急处理

① 由于并车操作不当，发电机主开关短路跳闸保护或逆功率保护跳闸时，复位过流继电器、复位逆功率继电器（若没有，则不需要）。一切正常后，合上其中任一台机组的主开关，然后按功率大小及重要性逐级启动各类负载。待发电机带上相当负荷后再次并车。

② 如果是两台或是多台发电机并联运行时。如有一台发电机跳闸，则需要检查运行机组的功率。如未过载，则刚才的跳闸是允许的。如过载或重载，应马上切除一些次要负载，在进行并车操作后，再将切除的一些次要负载恢复供电。其原则是，保证供电的连续性，再查找排除故障。

项目九　运用断电与带电查线法相结合寻找控制箱故障点并排除故障

（一）场地及设备

电力拖动控制箱（适用于故障排除教学）、万用表等。

（二）操作步骤

借助于万用表等工具在 20 min 内查找出下列设置的任一个故障并能将其排除。控制箱电气原理图举例见图 13-34 电动机正反转控制电气原理图。

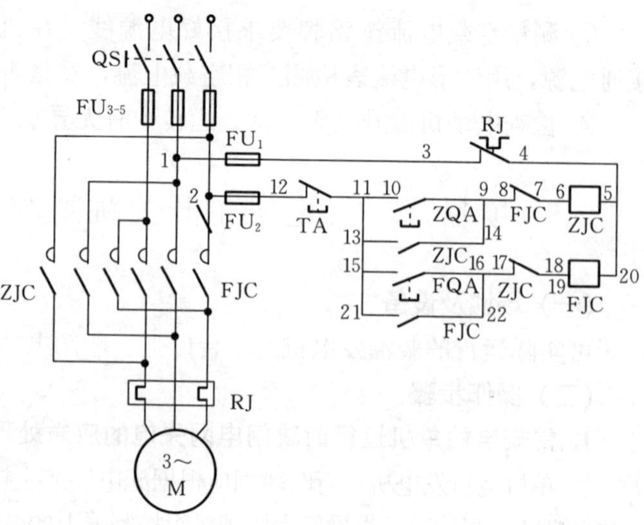

图 13-34　电动机正反转控制电气原理

故障现象及故障设置点：

① 主线路保险丝断，系统无反应（FU4、FU5 断）。

② 控制线路保险丝断（FU1、FU2 断）。

③ 正转只能点动控制（9、14 之间连线断路）。

④ 反转只能点动控制（16、22 之间连线断路）。

⑤ 正转正常，反转启动不了（18、19 之间连线断路）。

⑥ 反转正常，正转启动不了（6、7 之间连线断路）。

⑦ 过热保护已动作（4、5 之间断路）。

⑧ 电动机缺相，无法启动，发出嗡嗡声响（FU3 断）。

项目十　电缆连接与端头处理方法

（一）场地及设备

电缆线、各种电缆端头、电工工具。

（二）操作步骤

电缆端头就是电缆与设备连接的接头，用特殊材质做，因此电缆端头，也叫线鼻子。有终端头和中间接头。

1. 电缆端头的处理

① 割断多余电缆。

② 电缆保护层的剥切。

③ 导体连接。

④ 包绕绝缘（或收缩管材）。

⑤ 安装接头外壳。

⑥ 灌注绝缘剂。

⑦ 进行密封处理等。

2. 电缆连接

见图 13－35。

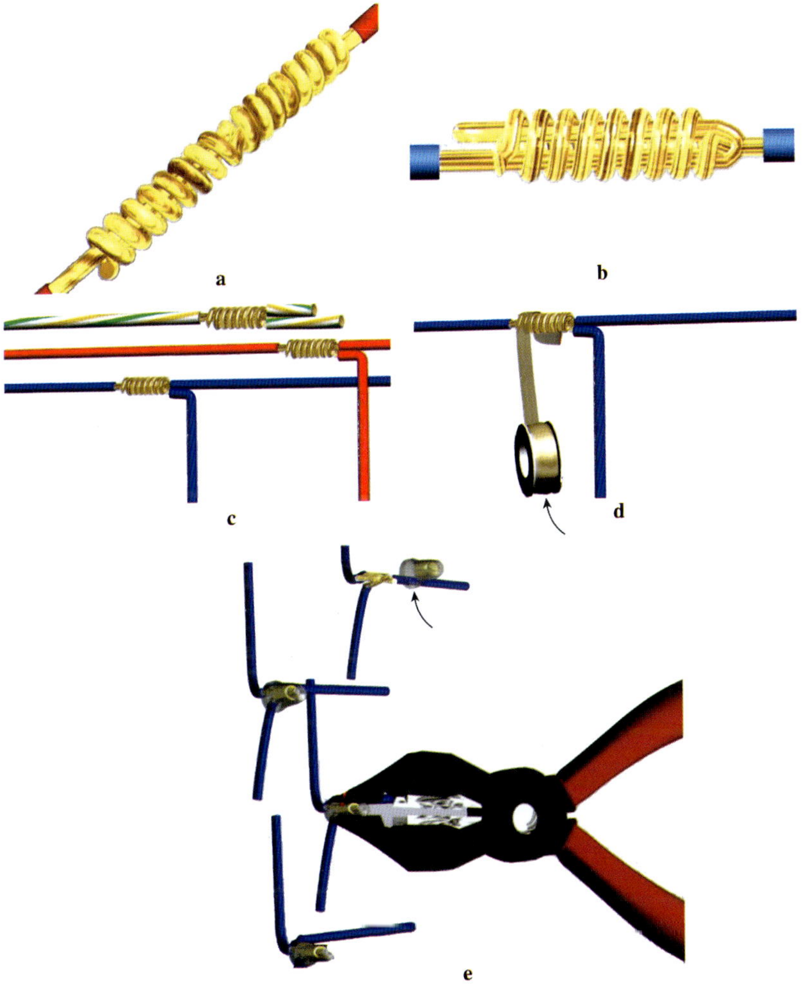

a

b

c

d

e

图 13-35 电缆连接

a. 电线接头规范处理方法一 b. 电线接头规范处理方法二 c. 分支电线的接法（注意：主线路不能截断，副线路缠绕 6～8 圈） d. 接头外要缠绝缘胶布（如图所示，该胶布与一般的绝缘胶布不同，是防火胶布，能防止电线打火时烧焦外面的绝缘层） e. 外接插座分支电路的处理方法（外接插座时分支线路要用线接头，如图箭头所示；该线接头内有铜套，外是塑料套，接头处用手钳压扁）

第十四章　渔业船员评估记录表（电气操作部分）

评估记录表格式参照我国渔业职务船员实操评估考试记录表，适用于渔船职务船员（轮机长、轮机员、电机员等）的实操评估记录。

注意事项：①评估记录表仅供考试主管部门参考使用；②操作题目、评估要求等内容可根据考试大纲和主管机关要求修改。

表 14-1　渔业船员评估记录表

<table>
<tr><td>姓名</td><td colspan="2"></td><td colspan="2">准考证号</td><td></td><td>职务</td><td colspan="2"></td></tr>
<tr><td>类别</td><td colspan="2"></td><td colspan="2">等级</td><td></td><td>评估日期</td><td colspan="2"></td></tr>
<tr><td>科目</td><td colspan="3">渔船船舶电机员</td><td colspan="2">评估方法</td><td colspan="3">实操、口述</td></tr>
<tr><td>操作题目</td><td colspan="5">船舶同步发电机并车与解列</td><td colspan="2">完成时间</td><td>15 min</td></tr>
<tr><td>序号</td><td colspan="6">评估要求</td><td colspan="2">备注</td></tr>
<tr><td>1</td><td colspan="6">船舶电站的控制模式转换到手动控制模式，优先级选择开关关闭</td><td colspan="2">不会此项操作，不合格</td></tr>
<tr><td>2</td><td colspan="6">检查待并机是否具备启动条件（油、气、水）</td><td colspan="2"></td></tr>
<tr><td>3</td><td colspan="6">待并机启动之后，观察相关参数是否正常（电压、频率）</td><td colspan="2">不会此项操作，不合格</td></tr>
<tr><td>4</td><td colspan="6">待参数正常后，打开同步表选择待并机</td><td colspan="2">不会此项操作，不合格</td></tr>
<tr><td>5</td><td colspan="6">观察同步表指示灯旋转方向（顺时针），旋转速度（每圈 3～5 s）</td><td colspan="2"></td></tr>
<tr><td>6</td><td colspan="6">待同步表指示灯在 11 点位置合闸供电，且待并机不产生逆功率</td><td colspan="2"></td></tr>
<tr><td>7</td><td colspan="6">待解列机负荷转移到并网机</td><td colspan="2">不会此项操作，不合格</td></tr>
<tr><td>8</td><td colspan="6">负荷转移完毕（$5\%Pe < \Delta P \leqslant 10\%Pe$）</td><td colspan="2"></td></tr>
<tr><td>9</td><td colspan="6">待解列机分闸解列，且不会造成逆功率</td><td colspan="2">不会此项操作，不合格</td></tr>
<tr><td>10</td><td colspan="6">解列机运行 10～15 min 停车</td><td colspan="2"></td></tr>
<tr><td>11</td><td colspan="6">船舶电站控制模式由手动控制转换成自动控制</td><td colspan="2">不会此项操作，不合格</td></tr>
<tr><td>开始时间</td><td colspan="2"></td><td colspan="2">结束时间</td><td></td><td>所用时间</td><td colspan="2"></td></tr>
<tr><td rowspan="2">结论</td><td colspan="4">合格□</td><td>评估员</td><td></td><td colspan="2"></td></tr>
<tr><td colspan="4">不合格□</td><td>主考官</td><td></td><td colspan="2"></td></tr>
</table>

表 14-2　渔业船员评估记录表

<table>
<tr><td>姓名</td><td></td><td>准考证号</td><td></td><td>职务</td><td colspan="2"></td></tr>
<tr><td>类别</td><td></td><td>等级</td><td></td><td>评估日期</td><td colspan="2"></td></tr>
<tr><td>科目</td><td colspan="2">渔船船舶电机员</td><td>评估方法</td><td colspan="3">实操</td></tr>
<tr><td>操作题目</td><td colspan="3">常用仪表使用</td><td>完成时间</td><td colspan="2">15 min</td></tr>
<tr><td>序号</td><td colspan="4">评估要求</td><td colspan="2">备注</td></tr>
<tr><td>1</td><td colspan="4">万用表的检查</td><td colspan="2"></td></tr>
<tr><td>2</td><td colspan="4">用万用表测交、直流电压</td><td colspan="2">不会此项，不合格</td></tr>
<tr><td>3</td><td colspan="4">用万用表测量电阻</td><td colspan="2">不会此项，不合格</td></tr>
<tr><td>4</td><td colspan="4">测量完毕后的结束工作</td><td colspan="2"></td></tr>
<tr><td>5</td><td colspan="4">根据被测电流的种类电压等级正确选择钳形电流表，被测线路的电压要低于钳表的额定电压</td><td colspan="2">不会此项，不合格</td></tr>
<tr><td>6</td><td colspan="4">使用前要正确检查钳形电流表的外观情况，一定要检查表的绝缘性能是否良好，外壳应无破损，手柄应清洁干燥。若指针没在零位，应进行机械调零。钳形电流表的钳口应紧密接合，若指针抖晃，可重新开闭一次钳口，如果抖晃仍然存在，应仔细检查，注意清除钳口杂物、污垢，然后进行测量</td><td colspan="2"></td></tr>
<tr><td>7</td><td colspan="4">钳形电流表不能测量裸导体的电流。用高压钳形表测量时，应由两人操作，测量时应戴绝缘手套，站在绝缘垫上，不得触及其他设备，以防止短路或接地</td><td colspan="2"></td></tr>
<tr><td>8</td><td colspan="4">根据被测电流大小来选择合适的钳型电流表的量程。使用时应按紧扳手，使钳口张开，将被测导线放入钳口中央，然后松开扳手并使钳口闭合紧密</td><td colspan="2">不会此项，不合格</td></tr>
<tr><td>9</td><td colspan="4">测量结束后钳形电流表的开关要拨至最大量程挡，以免下次使用时不慎过流，并应保存在干燥的室内</td><td colspan="2"></td></tr>
<tr><td>10</td><td colspan="4">根据不同的电气设备选择兆欧表的电压及其测量范围</td><td colspan="2"></td></tr>
<tr><td>11</td><td colspan="4">测试前的准备：测量前将被测设备切断电源，并短路接地放电 3～5 min。测量前对兆欧表本身进行检查</td><td colspan="2"></td></tr>
<tr><td>12</td><td colspan="4">测量三相异步电动机绝缘电阻（绕组对地、绕组对绕组）</td><td colspan="2">不会此项，不合格</td></tr>
<tr><td>13</td><td colspan="4">读数正确、绝缘电阻是否达到标准值</td><td colspan="2">不会此项，不合格</td></tr>
<tr><td></td><td colspan="4"></td><td colspan="2"></td></tr>
<tr><td></td><td colspan="4"></td><td colspan="2"></td></tr>
<tr><td></td><td colspan="4"></td><td colspan="2"></td></tr>
<tr><td></td><td colspan="4"></td><td colspan="2"></td></tr>
<tr><td>开始时间</td><td></td><td>结束时间</td><td></td><td>所用时间</td><td colspan="2"></td></tr>
<tr><td rowspan="2">结论</td><td colspan="2">合格□</td><td>评估员</td><td></td><td colspan="2"></td></tr>
<tr><td colspan="2">不合格□</td><td>主考官</td><td></td><td colspan="2"></td></tr>
</table>

表 14-3　渔业船员评估记录表

姓名		准考证号		职务	
类别		等级		评估日期	
科目	渔船船舶电机员		评估方法	实操	
操作题目	常用元器件的识别			完成时间	10 min
序号	评估要求				备注
1	看懂电气控制箱电路图，口述电气控制原理				不会此项，不合格
2	找出电路图中 5 个元器件的实物并说出各元件的功用				不会此项，不合格
开始时间		结束时间		所用时间	
结论	合格□	评估员			
	不合格□	主考官			

表 14-4　渔业船员评估记录表

<table>
<tr><td>姓名</td><td></td><td>准考证号</td><td></td><td>职务</td><td colspan="2"></td></tr>
<tr><td>类别</td><td></td><td>等级</td><td></td><td>评估日期</td><td colspan="2"></td></tr>
<tr><td>科目</td><td colspan="2">渔船船舶电机员</td><td>评估方法</td><td colspan="3">实操</td></tr>
<tr><td>操作题目</td><td colspan="3">蓄电池充电方法，电解液的配制</td><td>完成时间</td><td colspan="2">15 min</td></tr>
<tr><td>序号</td><td colspan="4">评估要求</td><td colspan="2">备注</td></tr>
<tr><td>1</td><td colspan="4">熟悉并口述蓄电池的一些充电方法</td><td colspan="2">不会此项操作，不合格</td></tr>
<tr><td>2</td><td colspan="4">充电操作</td><td colspan="2">不会此项操作，不合格</td></tr>
<tr><td>3</td><td colspan="4">电解液的配制</td><td colspan="2"></td></tr>
<tr><td>4</td><td colspan="4">口述蓄电池的维护保养知识</td><td colspan="2">概念混淆或基本无概念，不合格</td></tr>
<tr><td>开始时间</td><td></td><td>结束时间</td><td></td><td>所用时间</td><td colspan="2"></td></tr>
<tr><td rowspan="2">结论</td><td colspan="2">合格□</td><td>评估员</td><td></td><td colspan="2"></td></tr>
<tr><td colspan="2">不合格□</td><td>主考官</td><td></td><td colspan="2"></td></tr>
</table>

表 14-5　渔业船员评估记录表

<table>
<tr><td>姓名</td><td colspan="2"></td><td>准考证号</td><td></td><td>职务</td><td colspan="2"></td></tr>
<tr><td>类别</td><td colspan="2"></td><td>等级</td><td></td><td>评估日期</td><td colspan="2"></td></tr>
<tr><td>科目</td><td colspan="4">渔船船舶电机员
（异步电动机故障排除）</td><td>评估方法</td><td colspan="2">实操、口述</td></tr>
<tr><td>操作题目</td><td colspan="4">三相异步电动机不能启动故障
的原因判断与处理</td><td>完成时间</td><td colspan="2">15 min</td></tr>
<tr><td>序号</td><td colspan="5">评估要求</td><td colspan="2">备注</td></tr>
<tr><td rowspan="3">1</td><td rowspan="3">故障判断</td><td colspan="4">1. 通电后电动机不能转动，但无异响，也无异味和冒烟</td><td rowspan="3" colspan="2">概念混淆或基本无概念，不合格</td></tr>
<tr><td colspan="4">2. 通电后电动机不转，然后熔丝烧断</td></tr>
<tr><td colspan="4">3. 通电后电动机不转，有嗡嗡声</td></tr>
<tr><td>2</td><td>故障排除</td><td colspan="4">利用工具、仪表查明故障并排除</td><td colspan="2">未排除故障，不合格</td></tr>
<tr><td>开始时间</td><td colspan="2"></td><td>结束时间</td><td></td><td>所用时间</td><td colspan="2"></td></tr>
<tr><td rowspan="2">结论</td><td colspan="3">合格□</td><td>评估员</td><td></td><td colspan="2"></td></tr>
<tr><td colspan="3">不合格□</td><td>主考官</td><td></td><td colspan="2"></td></tr>
</table>

表 14-6　渔业船员评估记录表

姓名		准考证号		职务	
类别		等级		评估日期	
科目	渔船船舶电机员 （异步电动机故障排除）		评估方法	实操、口述	
操作题目	三相异步电动机启动后转速低且显得无力故障的原因判断与处理			完成时间	10 min

序号	评估要求	备注
1	电源电压过低。测量电源电压，排除电源故障	未排除故障，不合格
2	电机刚修理后△接法误接为Y接法。纠正接法	
3	笼形转子开焊或断裂。检查开焊和断点并修复	
4	电机刚修理后定子、转子局部线圈错接、接反。查出误接处，予以改正	
5	电机负荷过重。找出原因，减少负荷	
6	启动后出现单相运行。检查线路，查明断点，予以修复	

开始时间		结束时间		所用时间	
结论	合格□		评估员		
	不合格□		主考官		

表 14-7　渔业船员评估记录表

<table>
<tr><td>姓名</td><td></td><td>准考证号</td><td></td><td>职务</td><td></td></tr>
<tr><td>类别</td><td></td><td>等级</td><td></td><td>评估日期</td><td></td></tr>
<tr><td>科目</td><td colspan="2">渔船船舶电机员
（异步电动机故障排除）</td><td>评估方法</td><td colspan="2">实操、口述</td></tr>
<tr><td>操作题目</td><td colspan="3">三相异步电动机轴承过热故障的原因判断与处理</td><td>完成时间</td><td>10 min</td></tr>
<tr><td>序号</td><td colspan="4">评估要求</td><td>备注</td></tr>
<tr><td>1</td><td colspan="4">轴承磨损严重或损坏</td><td rowspan="5">未排除故障，不合格</td></tr>
<tr><td>2</td><td colspan="4">润滑脂过多、过少或变质</td></tr>
<tr><td>3</td><td colspan="4">电动机端盖或轴承安装不良</td></tr>
<tr><td>4</td><td colspan="4">联轴器安装不良</td></tr>
<tr><td>5</td><td colspan="4">转轴弯曲变形</td></tr>
<tr><td></td><td colspan="4"></td><td></td></tr>
<tr><td></td><td colspan="4"></td><td></td></tr>
<tr><td>开始时间</td><td></td><td>结束时间</td><td></td><td>所用时间</td><td></td></tr>
<tr><td rowspan="2">结论</td><td colspan="2">合格□</td><td>评估员</td><td></td><td></td></tr>
<tr><td colspan="2">不合格□</td><td>主考官</td><td></td><td></td></tr>
</table>

表 14-8　渔业船员评估记录表

<table>
<tr><td>姓名</td><td></td><td>准考证号</td><td></td><td>职务</td><td></td></tr>
<tr><td>类别</td><td></td><td>等级</td><td></td><td>评估日期</td><td></td></tr>
<tr><td>科目</td><td colspan="2">渔船船舶电机员
（异步电动机故障排除）</td><td>评估方法</td><td colspan="2">实操、口述</td></tr>
<tr><td>操作题目</td><td colspan="3">三相异步电动机运行时振动过大故障的原因判断与处理</td><td>完成时间</td><td>10 min</td></tr>
<tr><td>序号</td><td colspan="4">评估要求</td><td>备注</td></tr>
<tr><td>1</td><td colspan="4">单相运行</td><td rowspan="6">未排除故障，不合格</td></tr>
<tr><td>2</td><td colspan="4">定子绕组引出线接错</td></tr>
<tr><td>3</td><td colspan="4">定、转子相擦</td></tr>
<tr><td>4</td><td colspan="4">轴承损坏或严重缺少润滑脂</td></tr>
<tr><td>5</td><td colspan="4">风扇叶碰壳</td></tr>
<tr><td>6</td><td colspan="4">振动过大</td></tr>
<tr><td></td><td colspan="4"></td><td></td></tr>
<tr><td></td><td colspan="4"></td><td></td></tr>
<tr><td></td><td colspan="4"></td><td></td></tr>
<tr><td></td><td colspan="4"></td><td></td></tr>
<tr><td>开始时间</td><td></td><td>结束时间</td><td></td><td>所用时间</td><td></td></tr>
<tr><td rowspan="2">结论</td><td colspan="2">合格□</td><td>评估员</td><td></td><td></td></tr>
<tr><td colspan="2">不合格□</td><td>主考官</td><td></td><td></td></tr>
</table>

表 14-9　渔业船员评估记录表

<table>
<tr><td>姓名</td><td></td><td>准考证号</td><td></td><td>职务</td><td colspan="2"></td></tr>
<tr><td>类别</td><td></td><td>等级</td><td></td><td>评估日期</td><td colspan="2"></td></tr>
<tr><td>科目</td><td colspan="2">渔船船舶电机员
（异步电动机故障排除）</td><td>评估方法</td><td colspan="3">实操</td></tr>
<tr><td>操作题目</td><td colspan="3">三相异步电动机温升过高故障的原因判断与处理</td><td>完成时间</td><td colspan="2">10 min</td></tr>
<tr><td>序号</td><td colspan="5">评估要求</td><td>备注</td></tr>
<tr><td>1</td><td colspan="5">电源电压过低，使电动机在额定负载下造成温升过高</td><td rowspan="8">未排除故障，不合格</td></tr>
<tr><td>2</td><td colspan="5">电动机过载或负载机械润滑不良，阻力过大而使电动机发热</td></tr>
<tr><td>3</td><td colspan="5">电源电压过高，当电动机在额定负载下，因定子铁芯磁密过高而使电动机的温升过高。适当降低电源电压</td></tr>
<tr><td>4</td><td colspan="5">电动机启动频繁或正、反转次数过多。适当减少电动机的启动及正、反转次数，或者更换能适应于频繁启动和正、反转工作性质的电动机</td></tr>
<tr><td>5</td><td colspan="5">定子绕组有小范围短路或有局部接地，运行时引起电动机局部发热或冒烟。定子绕组短路或接地故障，可用万用表、短路侦察器及兆欧表找出故障确切位置后，视故障情况分别采取局部修复或进行整体更换</td></tr>
<tr><td>6</td><td colspan="5">鼠笼转子断条或绕线转子绕组接线松脱，电动机在额定负载下转子发热而使电动机温升过高</td></tr>
<tr><td>7</td><td colspan="5">电动机通风不良或环境温度过高，致使电动机温升过高</td></tr>
<tr><td>8</td><td colspan="5">电动机定、转子铁芯相擦而使温升过高。用锉刀细心挫去定、转子铁芯上硅钢片的突出部分，以消除相擦</td></tr>
<tr><td>开始时间</td><td></td><td>结束时间</td><td></td><td>所用时间</td><td colspan="2"></td></tr>
<tr><td rowspan="2">结论</td><td colspan="2">合格□</td><td>评估员</td><td colspan="3"></td></tr>
<tr><td colspan="2">不合格□</td><td>主考官</td><td colspan="3"></td></tr>
</table>

表 14-10　渔业船员评估记录表

<table>
<tr><td>姓名</td><td></td><td>准考证号</td><td></td><td>职务</td><td></td></tr>
<tr><td>类别</td><td></td><td>等级</td><td></td><td>评估日期</td><td></td></tr>
<tr><td>科目</td><td colspan="2">渔船船舶电机员</td><td>评估方法</td><td colspan="2">实操、口述</td></tr>
<tr><td>操作题目</td><td colspan="3">三相异步电动机绕组的绕制</td><td>完成时间</td><td>30 min</td></tr>
<tr><td>序号</td><td colspan="4">评估要求</td><td>备注</td></tr>
<tr><td>1</td><td colspan="4">打开接线端子盒记录这台电机的接线方法</td><td rowspan="8">利用现场工具进行示范，口述概念混淆或基本无概念，操作错误即为不合格</td></tr>
<tr><td>2</td><td colspan="4">拆开电机记录电机槽数极数以及铁芯的大小尺寸以及接线方式</td></tr>
<tr><td>3</td><td colspan="4">拆开绕组记录匝数圈数以及线径每匝的周长同时查看匝间的连接方式</td></tr>
<tr><td>4</td><td colspan="4">按照记录的数据绕制新绕组线，捆扎</td></tr>
<tr><td>5</td><td colspan="4">按照相应的顺序一匝一匝地下，全部完成后垫相间绝缘纸</td></tr>
<tr><td>6</td><td colspan="4">按照记录的连接方式连接匝间接线做引线，捆扎绕组接好引线</td></tr>
<tr><td>7</td><td colspan="4">用兆欧表测量电机相间、相与壳的绝缘有无短路现象</td></tr>
<tr><td>8</td><td colspan="4">加温浇漆</td></tr>
</table>

<table>
<tr><td>开始时间</td><td></td><td>结束时间</td><td></td><td>所用时间</td><td></td></tr>
<tr><td rowspan="2">结论</td><td colspan="2">合格□</td><td>评估员</td><td></td><td></td></tr>
<tr><td colspan="2">不合格□</td><td>主考官</td><td></td><td></td></tr>
</table>

表 14-11 渔业船员评估记录表

<table>
<tr><td>姓名</td><td></td><td>准考证号</td><td></td><td>职务</td><td></td></tr>
<tr><td>类别</td><td></td><td>等级</td><td></td><td>评估日期</td><td></td></tr>
<tr><td>科目</td><td colspan="2">渔船船舶电机员</td><td>评估方法</td><td colspan="2">实操</td></tr>
<tr><td>操作题目</td><td colspan="3">三相异步电动机绕组的绝缘处理</td><td>完成时间</td><td>10 min</td></tr>
<tr><td>序号</td><td colspan="4">评估要求</td><td>备注</td></tr>
<tr><td>1</td><td colspan="4">口述电机受潮处理，提高绝缘的方法：烘箱干燥法、热风干燥法、灯泡干燥、电流干燥、铁损干燥等</td><td rowspan="4">利用现场工具进行示范，口述概念混淆或基本无概念，操作错误即为不合格</td></tr>
<tr><td>2</td><td colspan="4">采用以下几种方法之一对电动机绕组进行烘干：烘箱干燥法、热风干燥法、灯泡干燥、电流干燥、铁损干燥</td></tr>
<tr><td>3</td><td colspan="4">口述处理后绝缘电阻值仍达不到要求时的处理方法：用万用表、兆欧表检查电动机绕组是否存在短路、搭壳现象，如没有则继续干燥处理</td></tr>
<tr><td></td><td colspan="4"></td></tr>
<tr><td>开始时间</td><td></td><td>结束时间</td><td></td><td>所用时间</td><td></td></tr>
<tr><td rowspan="2">结论</td><td colspan="2">合格□</td><td>评估员</td><td colspan="2"></td></tr>
<tr><td colspan="2">不合格□</td><td>主考官</td><td colspan="2"></td></tr>
</table>

表 14-12 渔业船员评估记录表

姓名		准考证号		职务	
类别		等级		评估日期	
科目	渔船船舶电机员		评估方法	实操	
操作题目	交流电动机解体与装配			完成时间	30 min

序号	评估要求	备注
1	拆卸前的准备： ① 备齐拆装工具，特别是拉具、套筒、铜棒等专用工具； ② 做好标记，标出电源线在接线盒中的相序； ③ 标出联轴器或皮带轮与轴台的距离； ④ 标出端盖、轴承、轴承盖和机座的负荷端与非负荷端； ⑤ 标出机座在基础上的准确位置； ⑥ 标出绕阻引出线在机座上的出口方向； ⑦ 拆除电源线和保护接地线； ⑧ 拆下地脚螺母，将电动机拆离基础并运至解体现场，若机座与基础之间有垫片，应做好记录并妥善保存	利用现场工具进行示范，口述概念混淆或基本无概念，操作错误即为不合格
2	拆卸步骤： ① 拆下皮带轮或联轴器，卸下电动机尾部的风罩； ② 拆下电动机尾部扇叶； ③ 拆下前轴承外盖和前、后端盖紧固螺钉； ④ 用木板（或铅板、铜板）垫在转轴前端，用榔头将转子和后端盖从机座中敲出；若使用的是木榔头，可直接敲打转轴前端； ⑤ 从定子中取出转子； ⑥ 用木棒伸进定子铁芯，顶住前端盖内侧，用榔头将前端盖敲离机座，最后拉下前后轴承内盖	
3	装配前的准备： ① 认真检查装配工具是否齐备、合用； ② 检查装配环境，场地是否清洁、合适； ③ 彻底清扫定子、转子内表面的尘垢、漆瘤； ④ 用灯光检查气隙、通风沟、止口处和其他空隙有无杂物，如有则必须清除干净； ⑤ 检查槽楔、绑扎带和绝缘材料是否到位，是否有松动、脱落，有无高出定子铁芯表面的地方，若有应清除； ⑥ 检查各相定子绕阻的冷态直流电阻是否基本相同，各相绕阻对地绝缘电阻和相间绝缘电阻是否符合要求	
4	装配步骤： 原则上与拆卸步骤相反	
5	装配完工后的检验： ① 检查机械部分的装配质量； ② 测量绕阻绝缘电阻； ③ 测量空载电流按铭牌要求接好电源线，在机壳上接好保护接地线，接通电源，用钳形电流表检测三相空载电流，看是否符合允许值； ④ 检查电动机温升是否正常，运转中有无异响	

开始时间		结束时间		所用时间	
结论	合格□		评估员		
	不合格□		主考官		

表 14-13　渔业船员评估记录表

<table>
<tr><td>姓名</td><td></td><td>准考证号</td><td></td><td>职务</td><td></td></tr>
<tr><td>类别</td><td></td><td>等级</td><td></td><td>评估日期</td><td></td></tr>
<tr><td>科目</td><td colspan="2">渔船船舶电机员</td><td>评估方法</td><td colspan="2">实操</td></tr>
<tr><td>操作题目</td><td colspan="3">发电机主开关跳闸的应急处理</td><td>完成时间</td><td>10 min</td></tr>
<tr><td>序号</td><td colspan="4">评估要求</td><td>备注</td></tr>
<tr><td>1</td><td colspan="4">常规电站单机运行时跳闸电网失电的应急处理：
① 单机运行发电机运行时跳闸应根据配电屏或主控台上闪光报警指示灯或参数来判断跳闸故障，查看发生跳闸机组控制屏上的电压表和频率表是否正常；
② 如果正常进行试合闸；如果试合闸不成功，确实无法判断故障原因，则启动其他备用机组合闸投入电网运行，然后查找跳闸原因；
③ 如果发生跳闸机组控制屏上的电压表和频率表都为零或是原动机已经停机，说明是发电机组出现了机械方面的故障，这时要立刻启动备用机组投入电网运行。然后结合报警指示灯来判断具体故障原因，进行检修和维护；
④ 最后把检修好的发电机设置在备用状态</td><td rowspan="2">在 5 min 内操作配电板。按照评估员要求提问口述主开关跳闸的应急处理方法，概念混淆或基本无概念，操作步骤错误即为不合格</td></tr>
<tr><td>2</td><td colspan="4">常规电站在并车操作时发生主开关跳闸导致电网失电的应急处理：
① 由于并车操作不当，发电机主开关短路跳闸保护或逆功率保护跳闸时，复位过流继电器、复位逆功率继电器（若没有，则不需要）。一切正常后，合上其中任一台机组的主开关，然后按功率大小及重要性逐级启动各类负载。待发电机带上相当负荷后再次并车；
② 如果是两台或是多台发电机并联运行时。如有一台发电机跳闸，则需要检查运行机组的功率。如未过载，则刚才的跳闸是允许的。如过载或重载，应马上切除一些次要负载，在进行并车操作后，再将切除的一些次要负载恢复供电。其原则是，保证供电的连续性，再查找排除故障</td></tr>
<tr><td>开始时间</td><td></td><td>结束时间</td><td></td><td>所用时间</td><td></td></tr>
<tr><td rowspan="2">结论</td><td colspan="2">合格□</td><td>评估员</td><td colspan="2"></td></tr>
<tr><td colspan="2">不合格□</td><td>主考官</td><td colspan="2"></td></tr>
</table>

表 14-14　渔业船员评估记录表

<table>
<tr><td>姓名</td><td></td><td>准考证号</td><td></td><td>职务</td><td></td></tr>
<tr><td>类别</td><td></td><td>等级</td><td></td><td>评估日期</td><td></td></tr>
<tr><td>科目</td><td colspan="2">渔船船舶电机员</td><td>评估方法</td><td colspan="2">实操</td></tr>
<tr><td>操作题目</td><td colspan="3">运用断电与带电查线法相结合寻找控制箱故障点，并排除故障</td><td>完成时间</td><td>20 min</td></tr>
<tr><td>序号</td><td colspan="4">评估要求</td><td>备注</td></tr>
<tr><td>1</td><td colspan="4">借助于万用表等工具查找出设置的任一个故障并能排除该故障</td><td rowspan="2">未排除故障，不合格</td></tr>
<tr><td>2</td><td colspan="4">故障现象及故障设置点：
① 主线路保险丝断,系统无反应
② 控制线路保险丝断
③ 正转只能点动控制
④ 反转只能点动控制
⑤ 正转正常,反转启动不了
⑥ 反转正常,正转启动不了
⑦ 过热保护已动作
⑧ 电动机缺相,无法启动，发出嗡嗡声响</td></tr>
<tr><td>开始时间</td><td></td><td>结束时间</td><td></td><td>所用时间</td><td></td></tr>
<tr><td rowspan="2">结论</td><td colspan="2">合格□</td><td>评估员</td><td></td><td></td></tr>
<tr><td colspan="2">不合格□</td><td>主考官</td><td></td><td></td></tr>
</table>

表 14-15　渔业船员评估记录表

<table>
<tr><td>姓名</td><td></td><td>准考证号</td><td></td><td>职务</td><td></td></tr>
<tr><td>类别</td><td></td><td>等级</td><td></td><td>评估日期</td><td></td></tr>
<tr><td>科目</td><td colspan="2">渔船船舶电机员</td><td>评估方法</td><td colspan="2">实操</td></tr>
<tr><td>操作题目</td><td colspan="3">电缆连接与端头处理方法</td><td>完成时间</td><td>20 min</td></tr>
<tr><td>序号</td><td colspan="4">评估要求</td><td>备注</td></tr>
<tr><td>1</td><td colspan="4">电缆端头的处理：
① 割断多余电缆
② 电缆保护层的剥切
③ 导体连接
④ 包绕绝缘(或收缩管材)
⑤ 安装接头外壳
⑥ 灌注绝缘剂
⑦ 进行密封处理等</td><td>操作错误不合格</td></tr>
<tr><td>2</td><td colspan="4">电缆连接各种方法</td><td>操作错误不合格</td></tr>
<tr><td></td><td colspan="4"></td><td></td></tr>
<tr><td>开始时间</td><td></td><td>结束时间</td><td></td><td>所用时间</td><td></td></tr>
<tr><td rowspan="2">结论</td><td colspan="2">合格□</td><td>评估员</td><td></td><td></td></tr>
<tr><td colspan="2">不合格□</td><td>主考官</td><td></td><td></td></tr>
</table>